综合布线系统

与施工

主　编◎李　飞　苏文芝

副主编◎王锐利　杨　艳

清华大学出版社

北　京

内 容 简 介

本书的主要内容包括认识综合布线系统、认识物联网综合布线技术、配线端接技术、办公室综合布线技术与施工、教学楼综合布线技术与施工、实训楼综合布线技术与施工、园区网综合布线技术与施工、智能楼宇技术、图纸绘制、综合布线技术资料管理。以综合布线工程实用技术为重点，结合综合布线实际工程任务，介绍了综合布线系统的一些关键操作技术和施工标准。以实训任务的方式层层递进，逐步深入，便于掌握相关的知识要点与工程施工技术过程。

本书既可以作为高等职业学校应用型、技能型人才培养的计算机网络技术、通信工程、智能楼宇技术、物联网工程等专业的实训教学用书，也可以作为各类培训、网络与智能建筑、物联网工程从业人员的参考用书。

本书封面贴有清华大学出版社防伪标签，无标签者不得销售。

版权所有，侵权必究。举报：010-62782989，beiqinquan@tup.tsinghua.edu.cn。

图书在版编目（CIP）数据

综合布线系统与施工/李飞，苏文芝主编. —北京：清华大学出版社，2021.8（2022.12重印）
ISBN 978-7-302-58843-6

Ⅰ．①综…　Ⅱ．①李…　②苏…　Ⅲ．①计算机网络—布线　Ⅳ．①TP393.03

中国版本图书馆 CIP 数据核字（2021）第 158158 号

责任编辑：邓　艳
封面设计：刘　超
版式设计：文森时代
责任校对：马军令
责任印制：刘海龙

出版发行：清华大学出版社
　　　　　网　　址：http://www.tup.com.cn，http://www.wqbook.com
　　　　　地　　址：北京清华大学学研大厦 A 座　　　　　邮　　编：100084
　　　　　社 总 机：010-83470000　　　　　　　　　　　邮　　购：010-62786544
　　　　　投稿与读者服务：010-62776969，c-service@tup.tsinghua.edu.cn
　　　　　质量反馈：010-62772015，zhiliang@tup.tsinghua.edu.cn
印 装 者：三河市科茂嘉荣印务有限公司
经　　销：全国新华书店
开　　本：185mm×260mm　　　　　印　　张：15　　　　　字　　数：362 千字
版　　次：2021 年 10 月第 1 版　　　　　印　　次：2022 年 12 月第 2 次印刷
定　　价：58.00 元

产品编号：089368-01

前　言

现代科技的进步使计算机及网络技术飞速发展，使其具备越来越强大的计算机处理能力和网络通信能力。网络综合布线是一门涉及多学科交叉的领域，也是计算机技术、通信技术、控制技术、建筑技术紧密结合的产物。

综合布线系统就是为了顺应发展需求而特别设计的一套布线系统。对于现代化的建筑物来说，综合布线系统就如体内的神经，它采用了一系列高质量的标准材料，以模块化的组合方式，把语音、数据、图像和部分控制信号系统用统一的传输媒介进行综合，经过统一的规划设计，综合在一套标准的布线系统中，将现代建筑的三大子系统有机地连接起来，为现代建筑的系统集成提供了物理介质。综合布线系统是建筑物或建筑群内的传输网络，是建筑物内的"信息高速路"。它既使语音和数据通信设备、交换设备和其他信息管理系统彼此相连，又使这些设备与外界通信网络相连接。它包括建筑物到外部网络或电话局线路上的连接点与工作区的语音和数据终端之间的所有电缆及相关联的布线部件。

本书围绕综合布线施工过程中的相关技术形成 10 个任务，将理论知识拆分并融入每个任务中，理论与实践动手相结合，容易理解掌握。任务由小到大，由简入繁，层层深入，一步一步带领读者走入综合布线系统。

本书由李飞、苏文芝任主编，王锐利、杨艳担任副主编，程亚维、冷斌参与编写。在编写过程中参考了大量资料，并且得到了相关企业的帮助，本书所有参编人员对这些资料的作者表示诚挚的感谢！

由于综合布线技术不断发展，内容也不断丰富，且限于时间和作者水平，书中难免存在不足之处，恳请读者、专家指正。

编　者

目　录

任务 1

认识综合布线系统

现代科技的进步提供了越来越强大的计算机处理能力和网络通信能力，由此促进了计算机及网络技术的飞速发展。人类社会已经进入了高度网络化、信息化和数字化的社会，各种各样的信息，例如语音信息、视频信息、控制信息、管理信息、文字信息以及其他媒体信息等，以数字化的形式高速、高效、实时地传递，构成了无所不在的高速信息网络。在智能大厦和智能小区中，构成这种高速信息网络的物理基础便是综合布线系统。

综合布线系统是智能化建筑的神经系统，是构成智能建筑中的信息高速公路的基础平台，它和智能建筑之间的关系主要体现在以下几个方面。

(1) 综合布线系统是衡量智能化建筑的智能化程度的重要标志。

(2) 综合布线系统使智能化建筑充分发挥智能化效能，是智能建筑中必备的基础设施。

(3) 综合布线系统能适应今后智能化建筑和各种科学技术发展的需要。

子任务 1.1   综合布线系统的发展概况

综合布线系统（Generic Cabling System，GCS）是智能化建筑的重要组成部分，是智能化建筑具有各种智能和自动控制功能的基础和前提，它的质量直接决定了整个智能化系统的性能。因此，对于智能化建筑来说，无论是商业的智能化商厦/写字楼、政府的智能化办公楼、工厂的智能化厂房，还是居住的智能化民宅，综合布线系统在整个智能化工程中都起着举足轻重的作用。

早在 20 世纪 50 年代，楼宇自动化系统（Building Automation System，BAS）就已经开始得到应用。人们试图通过各种电子设备实现楼宇主要设备的自动监控和楼宇的安全保卫，提高楼宇的综合服务水平。随着微电子技术的发展，建筑物日益复杂化，到了 20 世纪 70 年代，楼宇自动化系统迅速发展，采用专用计算机系统进行管理、监控和显示。20 世纪 80 年代中期开始，随着超大规模集成电路技术和信息技术的发展，出现了智能化建筑。

随着计算机技术的发展和人们对楼宇综合服务水平要求的提高，楼宇监控的内容迅速增加，原有的集中监控方式越来越不能适应新的发展要求。一方面，在 20 世纪 80 年代中期，电话通信领域和计算机领域都有了很快的发展，一些发达国家电话普及率已达到比较高的程度，通信服务内容也急剧增加；另一方面，世界上第一座智能大厦在美国问世，它标志着人类对楼宇功能要求的质的飞跃。为满足这些要求，原有的专用布线方式必然要进行彻底改变，以消除原有系统的各种缺陷，这些缺陷主要表现在以下几个方面。

（1）系统造价高。系统中使用的设备复杂，结构标准各不相同，而且系统各自独立设计，各系统互不关联、不能兼容，工程实施中协调工作量大，难于统一管理。

（2）系统维护困难。各系统独自设计，遵循标准各不相同，工程施工难以协调，工程造价高，工程结束后维护十分困难。

（3）系统可扩充性差。缺乏统一的技术标准、统一的传输介质。竣工后的系统进行升级或扩充将受到严重限制，扩充费用昂贵。

（4）系统灵活性差。由于各个系统采用不同的传输介质和标准，系统互换性很差，很难根据系统要求的变化对系统进行灵活调整。

随着信息化和全球化的深入发展，人们对信息共享的需求日趋迫切，这就需要一个系统化的布线方案。综合布线系统的出现解决了传统专业布线的许多问题，大大推进了各类建筑智能化系统的应用和发展。综合布线系统综合了各弱电系统的布线要求，进行统一规划、统一设计、统一管理，成功地解决了传统布线所不能解决的难题。综合布线系统与传统布线的比较如表 1-1 所示。

表 1-1　综合布线系统与传统布线的比较

	综合布线系统	传统布线
传输介质	双绞线和光纤； 同一介质满足所有弱电信号传输的需要	要根据各系统的需求而定
针对不同系统应用的处理方法	话音与数据传输介质可互用； 从配线架到每个 I/O 口完全统一，适合不同系统的应用； 提供 IBM、DEC、HP 等系统的连接，以及 Ethernet、TPDDI、Token-Ring 的连接； 计算机终端、电话和其他网络设备的 I/O 可互用； 设备移动方便	不同的计算机及网络需布不同的线缆，使用不同的拓扑结构，线路无法公用，也无法通用。计算机与电话的插口无法互换。设备更改及迁移时要重新布线
标准化问题	满足 TIA/EIA 568、ISO/IEC 11801 标准	无国际标准

子任务 1.2　综合布线系统的定义和特点

1.2.1　综合布线系统的定义

综合布线是建筑物内或建筑物群之间的一个模块化、灵活性极高的信息传输通道，是智能建筑的"信息高速公路"。它既能使语音、数据、图像设备和交换设备与其他信息管理系统彼此相连，也能使这些设备与外部通信网相连接。它包括建筑物外部网络和电信线路的连接点与应用系统设备之间的所有线缆以及相关的连接部件。它是智能化建筑系统的重要底层硬件，也是整个智能化系统的神经部分。它是一种以建筑物与建筑物中所有通信设备现在和将来配线要求为主要目标而发展的整体式开放配线系统，可以满足建筑物内所有计算机、BAS 设备及其他设备的通信要求，主要包括：模拟与数字语音系统，高速与低速数据系统，传真机、图形终端、绘图仪等需要传输的图形资料，电视会议与保安监视系统的视频信号，传输有线电视等宽带视频信号，BAS 的各种监控器信号和传感器信号。

综合布线的发展首先与通信技术和计算机技术的发展密切相关。综合布线一般采用分级星型拓扑结构。该结构下的每个分支子系统都是相对独立的单位，对每个分支子系统的改动都不影响其他子系统，只要改变节点连接方式就可使综合布线在星型、总线型、环型、树状型等结构之间进行转换。美国率先推出综合布线系统，并得到了广泛重视和迅速推广，现已成为各类智能化建筑的重要组成部分和重要的基础设施，同时也成为各类建筑智能化系统工程水平的重要标志。

1.2.2 综合布线系统的特点

同传统的布线比较，综合布线系统有许多优越性。其特点主要表现为它的兼容性、开放性、灵活性、可靠性、先进性和经济性，而且在设计、施工和维护方面也给人们带来了许多方便。

（1）兼容性好。综合布线的首要特点是它的兼容性。所谓兼容性是指它自身是完全独立的，而与应用系统相对无关，可以适用于多种应用系统的性能。由于综合布线系统是一套标准的配线系统，它采用相同的国际标准，使用具有同等性能和规格的电缆、光纤、连接件和配线架等，使它可以比较好地综合不同厂家的不同语音设备产品、数据设备产品，构成兼容性良好的布线系统。

（2）开放性好。由于综合布线系统采用统一的标准接口和方式，采用模块化设计，除线缆外，其他接插件均采用积木式标准件，既容易连接现有不同种类设备，也为将来新系统、新设备的接入提供可能。

（3）灵活性高。由于综合布线系统采用规范的通信介质和连接跳线方法，可以根据用户需求的变化，通过布线系统的跳线，实现功能的灵活调整。另外，组网也灵活多样，甚至在同一房间可有多台用户终端，为用户组织信息流提供了必要条件。

（4）可靠性好。综合布线系统在可靠性方面比传统的专业布线系统有很大提高，是实现各种复杂功能和庞大系统的重要保证。

综合布线系统采用高品质的材料和组合压接的方式构成一套高标准信息传输通道，所有线缆和相关连接件均通过 ISO 认证，每条通道都要采用专用仪器测试链路阻抗和衰减，以保证其电气性能。应用系统布线全部采用点到点端接，任何一条链路故障均不影响其他链路的运行，为链路的运行维护及故障检修提供了方便，从而保障了应用系统的可靠运行。各应用系统采用相同传输介质，因而可互为备用，提高了备用冗余。

（5）先进性高。综合布线系统采用光纤与双绞电缆混合的布线方式，较为合理地构成一套完整的布线。所有布线均采用世界上最新通信标准，链路均按八芯双绞电缆配置。五类双绞电缆的数据最大传输速率可达到 155 Mbps。为了满足特殊用户的需求，可把光纤引到桌面（Fiber To The Desk，FTTD）。干线的语音部分用电缆，数据部分用光缆，为同时传输多路实时多媒体信息提供足够的裕量。

（6）经济性好。综合布线较好地解决了传统布线方法存在的许多问题。随着科学技术的迅猛发展，人们对信息资源共享的要求越来越迫切，尤其以电话业务为主的通信网逐渐向综合业务数字网（ISDN）过渡，越来越重视能够同时提供语音、数据和视频传输的集成通信网。因此，用综合布线取代单一、昂贵、繁杂的传统布线是"信息时代"的要求，是历史发展的必然趋势。

子任务 1.3　综合布线系统的等级分类

综合布线系统一般根据设备配置情况和系统特点，可以分为三种等级，即基本型、增强型和综合型。它们都能支持语音、数据、图像等系统，能够随工程的需要转向更高功能的布线系统。用户可以根据系统通信需要和经济性能进行综合选择。

1. 基本型综合布线系统设备配置与特点

基本型综合布线系统适用于配置标准比较低的场合，一般采用铜芯电线缆组网。其基本设备配置如下。

（1）每个工作区一般为一个水平布线子系统，留有一个信息插座。

（2）每个工作区配线电缆为一条 4 对非屏蔽对绞线。

（3）接续设备全部采用夹接式交接硬件。

（4）每个工作区的干线电缆至少有 2 对对绞线。

基本型综合布线系统的主要特点有以下几个方面。

（1）能支持语音、数据、高速数据（包括计算机系统的传输）传输。

（2）具有很好的性能价格比。

（3）技术要求不高，便于管理与维护。

（4）采用气体放电管式过压保护和能够自复位的过流保护措施。

基本型综合布线系统是适用于我国的布线方案，目前在我国有着广泛的应用，需要时，可以向高级布线系统升级。

2. 增强型综合布线系统设备配置与特点

增强型综合布线系统适用于中等标准的场合，一般采用铜芯电缆组网。其基本设备配置如下。

（1）每个工作区应为独立的水平布线子系统，配有两个以上的信息插座。

（2）每个工作区的配线电缆均为一条独立的 4 对非屏蔽双绞线电缆。

（3）接续设备全部采用夹接式或插接式交接硬件。

（4）每个工作区的干线电缆至少有 3 对双绞线。

增强型综合布线系统的主要特点有以下几个方面。

（1）每个工作区有两个以上的信息插座，不仅灵活机动，而且功能齐全。

（2）任何一个信息插座都可以提供语音和高速数据传输应用。

（3）可统一色标，按需要利用端子板进行管理，维护简单方便。

（4）能适应多种产品的要求，具有适应性强、经济有效等特点。

（5）可以采用铜芯电缆与光纤混合组网。

（6）采用气体放电管式过压保护和能够自复位的过流保护措施。

这种类型的综合布线系统能支持语音和数据系统使用，具有增强功能，并且为今后的发展留有余地，适用于中等配置标准场合。

3. 综合型综合布线系统设备配置与特点

综合型综合布线系统适用于高等标准的场合，一般采用铜芯电缆和光纤共同组网，在要求更高的场合则采用全光纤组网。其基本设备配置如下。

在基本型或增强型综合布线系统的基础上增设光纤系统，主要用于建筑群主干布线子系统和建筑物主干布线子系统，水平布线子系统及工作区布线也可以根据需要采用光纤线缆。光纤可以选择多模光纤或单模光纤。

每个基本型或增强型综合布线系统的工作区设备配置应满足各种类型的配置要求。

综合型综合布线系统的主要特点有以下几个方面。

（1）每个工作区有两个以上的信息插座，不仅机动灵活、功能齐全，还能适应今后发展。

（2）任何一个信息插座都可以提供语音和数据系统等多种服务。

（3）采用以光纤为主、与电缆混合组网方式。

（4）利用端子板管理，使用统一色标，简单方便，有利于维护。

（5）能适应多种产品的要求，具有适应性强、经济、有效等特点。

这种类型的综合布线系统功能齐全，能满足各种通信要求，特别是随着多媒体技术的不断推广，对通信系统的性能要求不断提高，综合型综合布线系统具有很好的应用前景。随着光纤系统价格的不断降低和安装方法的工业化，在不久的将来，光纤到户（FFTH）、光纤到桌面（FTTD）将成为必然，全光纤的综合型综合布线系统将成为很多应用系统的首选类型。

子任务 1.4　综合布线系统的组成

综合布线系统采用模块化设计方式，易于配线上扩充和重新组合。综合布线系统由 7个独立的子系统所组成，采用星型拓扑结构，可使任何一个子系统独立地进入 GCS 系统中，可满足建筑物内部及建筑物之间的所有计算机、通信以及建筑物自动化系统设备的配线需求，如图 1-1 和图 1-2 所示。

这 7 个子系统如下。

（1）工作区（终端）子系统（Work Area Subsystem）。

（2）水平子系统（Horizontal Subsystem）。

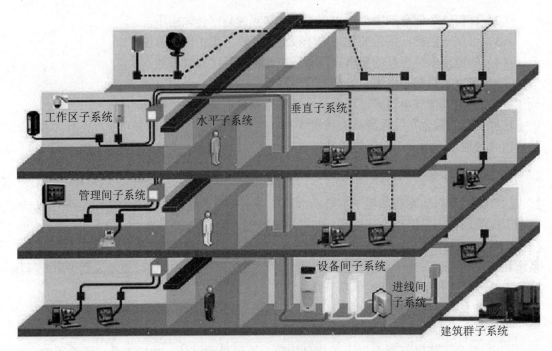

图1-1 综合布线系统总体图

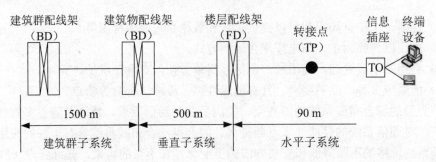

图1-2 综合布线系统结构组成

（3）垂直（干线）子系统（Riser Backbone Subsystem）。

（4）管理间子系统（Administration Subsystem）。

（5）设备间子系统（Equipment Subsystem）。

（6）进线间子系统（Incoming Line Room Subsystem）。

（7）建筑群子系统（Campus Backbone Subsystem）。

1.4.1 工作区子系统

工作区子系统又称为服务区子系统，它是由跳线与信息插座所连接的设备组成。其中信息插座包括墙面型、地面型、桌面型等，常用的终端设备包括计算机、电话机、传真机、报警探头、摄像机、监视器、各种传感器件、音响设备等。工作区子系统设计要点如下。

（1）从 RJ-45 插座到计算机等终端设备间的连线宜用双绞线，且不要超过 5 m。

（2）RJ-45 插座宜首先考虑安装在墙壁上或不易被触碰到的地方。

（3）RJ-45 信息插座与电源插座等应尽量保持 20 cm 以上的距离。

（4）对于墙面型信息插座和电源插座，其底边距离地面一般应为 30 cm。

1.4.2　水平子系统

水平子系统在 GB 50311 国家标准中称为配线子系统，以往资料中也称水平干线子系统。水平子系统应由工作区信息插座模块、模块到楼层管理间连接线缆、配线架、跳线等组成。实现工作区信息插座和管理间子系统的连接，包括工作区与楼层管理间之间的所有电缆、连接硬件（信息插座、插头、端接水平传输介质的配线架、跳线架等）、跳线线缆及附件。水平子系统设计要点如下。

（1）确定介质布线方法和线缆的走向。

（2）双绞线的长度一般不超过 90 m。

（3）尽量避免水平线路长距离与供电线路平行走线，应保持一定的距离（非屏蔽线缆一般为 30 cm，屏蔽线缆一般为 7 cm）。

（4）线缆必须走线槽或在天花板吊顶内布线，尽量不走地面线槽。

（5）如在特定环境中布线要对传输介质进行保护，使用线槽或金属管道等。

（6）确定距离服务器接线间距离最近的 I/O 位置。

（7）确定距离服务器接线间距离最远的 I/O 位置。

1.4.3　垂直子系统

垂直子系统在 GB 50311 国家标准中称为干线子系统，提供建筑物的干线电缆，负责连接管理间子系统到设备间子系统，实现主配线架与中间配线架，计算机、程控交换机（PBX）、控制中心与各管理子系统间的连接，该子系统由所有的布线电缆组成，或由导线和光缆以及将此光缆连接到其他地方的相关支撑硬件组合而成。

垂直子系统布线走向应选择干线线缆最短、最安全和最经济的路由。但垂直子系统在系统设计施工时，就预留一定的线缆做冗余信道，这一点对于综合布线系统的可扩展性和可靠性来说是十分重要的。垂直子系统设计要点如下。

（1）垂直子系统一般选用光缆，以提高传输速率。

（2）垂直子系统应为星型拓扑结构。

（3）垂直子系统干线光缆的拐弯处不要用直角拐弯，干线电缆和光缆布线的交接不应该超过两次，从楼层配线到建筑群配线架间只应有一个配线架。

（4）线路不允许有转接点。

（5）为了防止语音传输对数据传输的干扰，语音主电缆和数据主电缆应分开。

（6）垂直主干线电缆要防遭破坏，确定每层楼的干线要求和防雷电设施。

（7）满足整幢大楼的干线要求和防雷击设施。

1.4.4 管理间子系统

管理间子系统也称为电信间或者配线间，一般设置在每个楼层的中间位置。对于综合布线系统设计而言，管理间主要安装建筑物配线设备，是专门安装楼层机柜、配线架、交换机的楼层管理间。管理间子系统也是连接垂直子系统和水平子系统的设备。当楼层信息点很多时，可以设置多个管理间。管理间子系统设计要点如下。

（1）配线架的配线对数由所管理的信息点数决定。

（2）进出线路以及跳线应采用色表或者标签等进行明确标识。

（3）配线架一般由光配线盒和铜配线架组成。

（4）供电、接地、通风良好、机械承重合适，保持合理的温度、湿度和亮度。

（5）有交换器、路由器的地方要配有专用的稳压电源。

（6）采取防尘、防静电、防火和防雷击措施。

1.4.5 设备间子系统

设备间在实际应用中一般称为网络中心或者机房，是在每栋建筑物适当地点进行网络管理和信息交换的场地。其位置和大小应该根据系统分布、规模以及设备的数量来具体确定，通常由电缆、连接器和相关支撑硬件组成，通过线缆把各种公用系统设备互连起来。主要设备有计算机网络设备、服务器、防火墙、路由器、程控交换机、楼宇自控设备主机等，它们可以放在一起，也可以分别设置。设备间子系统设计要点如下。

（1）设备间的位置和大小应根据建筑物的结构、布线规模和管理方式及应用系统设备的数量综合考虑。

（2）设备间要有足够的空间。

（3）良好的工作环境：温度应在 0～27℃、相对湿度在 60%～80%、亮度适宜。

（4）设备间内所有进出线装置或设备应采用色表或色标区分各种用途。

（5）设备间具有防静电、防尘、防火和防雷击措施。

1.4.6 进线间子系统

进线间是建筑物外部通信和信息管线的入口部位，并可作为入口设施和建筑群配线设备的安装场地。进线间是 GB 50311 国家标准在系统设计内容中专门增加的，要求在建筑物前期系统设计中要有进线间，满足多家运营商业务需要，避免一家运营商自建进线间后独占该建筑物的宽带接入业务。进线间一般通过地埋管线进入建筑物内部，宜在土建阶段实施。

在进线间线缆入口处的管孔数量应满足建筑物之间、外部接入业务及多家电信业务经营者线缆接入的需求，并应留有 2～4 孔的余量。

1.4.7 建筑群子系统

建筑群子系统也称为楼宇子系统，主要实现楼与楼之间的通信连接，一般采用光缆并配置相应设备，它支持楼宇之间通信所需的硬件，包括线缆、端接设备和电气保护装置。设计时应考虑布线系统周围的环境，确定楼间传输介质和路由，并使线路长度符合相关网络标准规定。

在建筑群子系统中室外线缆敷设方式一般有架空、直埋、管道和隧道 4 种。具体情况应根据现场的环境来决定，表 1-2 所示为建筑群子系统线缆敷设方式的比较。

表 1-2 建筑群子系统线缆敷设方式的比较

方　　式	优　　点	缺　　点
管道	提供比较好的保护；敷设容易，扩充、更换方便；美观	初期投资高
直埋	有一定的保护；初期投资低；美观	扩充、更换不方便
架空	成本低、施工快	安全可靠性低；不美观；除非有安装条件和路径，一般不采用
隧道	保持建筑物的外貌，如有隧道，则成本最低、安全	热量或泄漏的热气会损坏电缆

子任务 1.5 综合布线系统的相关标准

1.5.1 标准简介

随着城市建设及信息通信事业的发展，现代化的商住楼、办公楼、园区等各类民用、工业建筑对信息的要求已成为城市建设的发展趋势。为了将语音、数据、图像及多媒体等不同业务的设备的布线网络组合在一套标准的布线系统上，使各种设备终端插头都能插入标准的插座内，相关组织制定了综合布线系统标准。在标准与规范的指导和强制执行下，综合布线系统使用一套由共用配件所组成的配线系统。将各个不同制造厂家的各类设备连接在一起，从而实现相互之间的兼容，保证了不同业务的信息通信需求。

目前，综合布线系统设计依据的标准主要有我国国家标准、国际标准、北美标准和欧洲标准。制定综合布线系统标准的国际组织主要有国际标准化委员会/国际电工委员会（ISO/IEC）、电信工业联盟/电子工业联盟（TIA/EIA）、欧洲电工标准化委员会（CENELEC）。

综合布线系统的国外标准主要有以下几种。

（1）《信息技术-用户基础设施结构化布线》（ISO/IEC 11801—2010）。

（2）《信息技术-用户基础设施结构化布线的安装和操作》（ISO/IEC 14763—2012）。

（3）《信息技术-用户基础设施结构化布线的安装和操作-光纤测试》（ISO/IEC 14763-3—2014）。

（4）《商业大楼通信通路与空间标准》（ANSI/TIA/EIA-569）。

（5）《商业大楼通信布线标准》（ANSI/TIA/EIA-568-C）。

（6）《商业大楼通信基础设施管理标准》（ANSI/EIA/TIA-606-B）。

综合布线系统的国内标准有以下几种。

（1）《综合布线系统工程设计规范》（GB 50311—2016）。

（2）《综合布线系统工程验收规范》（GB/T 50312—2016）。

（3）《智能建筑工程质量检测标准》（JGJ/T 454—2019）。

1.5.2　综合布线其他相关标准

1. 防火标准

线缆是布线系统防火的重点部件，国际上综合布线中对绞电缆的防火测试标准有
UL 910 和 IEC 60332。其中 UL 910 等标准为加拿大、日本、墨西哥和美国使用，UL 910
等同于美国消防协会的 NFPA 262—1999。UL 910 标准则高于 IEC 60332-1 及 IEC 60332-3
标准。

此外，建筑物综合布线涉及的防火方面的设计标准还应依照国内相关标准：《建筑设
计防火规范》（GB 50016—2014）、《建筑室内装修设计防火规范》（GB 50222-95）。

我国国家标准《电缆及光缆燃烧性能分级》（GB 31247—2014）第一次对中国的通信
线缆阻燃性能提出了分级的要求。标准将对绞电缆及光缆燃烧性能等级划分为：A 级，不
燃对绞电缆（光缆）；B1 级，阻燃 1 级对绞电缆（光缆）；B2 级，阻 2 级对绞电缆（光
缆）；B3 级，普通对绞电缆（光缆）。

其中，A 级的试验方法符合《建筑材料及制品的燃烧性能燃烧热值的测定》（GB/T
14402—2007）；B1 级的试验方法符合《电缆或光缆在受火条件下火焰蔓延、热释放和
产烟特性的试验方法》（GB/T 31248—2014）、《电缆或光缆在特定条件下燃烧的烟密
度测定第 2 部分：试验步骤和要求》（GB/T 17651.2—1998）、《电缆和光缆在火焰条
件下的燃烧试验第 12 部分：单根绝缘电线电缆火焰垂直蔓延试验 1kW 预混合型火焰试
验方法》（GB/T 18380.12—2008），并等同采用 IEC 60332-1-2—2004；B2 级的试验方
法符合 GB/T 31248、GB/T 17651.2、GB/T 18380.12；B3 级为未达到 B2 级的。

2. 机房及防雷接地标准

机房及防雷接地标准可参照以下标准。

（1）《建筑物电子信息系统防雷技术规范》（GB 50343—2012）。

（2）《电子计算机机房设计规范》（GB 50174—2016）。

（3）《计算机场地技术要求》（GB 2887—2011）。

（4）《计算机场地安全要求》（GB 9361—2011）。

（5）《商业建筑电信接地和接线要求》（J-STD-607-A）。

J-STD-607-A 标准推出的目的在于帮助技术、安装人员完整地了解接地系统的规划、

设计、安装的技术要求与方法。它还提供了接地和天线的安装建议。这份商业建筑电信接地和接线要求的基本构造支持不同行业用户、不同产品设备的应用环境，这使得它看起来更像是一个多系统的接地经验介绍手册。

3. 智能建筑相关标准

在国内，综合布线可应用于建筑物、建筑群、家居、工业生产等场合。布线项目与智能大厦集成项目、网络集成项目和智能小区集成项目密切相关。因此，集成人员还需要了解智能建筑及智能小区方面的最新标准与规范。目前信息产业部、建设部都在加快这方面标准的起草和制定工作，已出台或正在制定中的标准与规范如下。

（1）《智能建筑设计标准》（GB/T 50314—2006）。

（2）《智能建筑弱电工程设计施工》图集（上、下）97×700。

（3）《综合布线系统工程设计与施工》图集 08×101-3。

（4）《城市居住区规划设计规范》（GB 50180—2018）。

（5）《住宅设计规范》（GB 50096—2019）。

（6）《接入网工程设计规范》（YD/T 5039—2001）。

（7）《民用建筑电气设计标准》（GB 51348—2019）。

另外，北京、上海、天津、江苏、四川、福建、深圳等地也都编制了保修期系统的地方标准和规范。为了保证工程建设的质量，全国各地都十分注重地区标准的编制工作，相继出台并参照执行，在内容上更加细化和可操作性更强。

为了完善我国综合布线系统标准，使之达到系列化，有待布线厂商、政府主管部门、国内的标准化组织及各方面的人士加以重视和共同努力。一旦新的标准发布以后，应该由媒体加大宣传的力度，并组织做好宣传贯彻的工作，使布线的标准服务和规范布线的市场，立足于保证布线工程的质量。

子任务 1.6　综合布线系统常用名词术语和符号

综合布线系统常用专业名词术语和符号是相关国际和国家的标准规定，经常出现在工程技术文件和图纸中，是工程设计和读图的基础，也是工程师的语言。只有了解工程布线常用专业名词术语和符号，才能掌握工程布线设计的基本方法，完成工程布线的基本设计任务，达到掌握基本设计技能的要求，为后续真实项目的设计积累知识。

1.6.1　综合布线常用名词术语

中国综合布线系统国家标准的名词术语根据英文翻译而来，主要参考了 ISO/IEC 11801 与 ANSI/TIA/EIA 568 的国际标准。本门课程要重点了解《综合布线系统工程设计规范》（GB 50311—2016）国家标准中出现的常用名词术语。

1. 布线（Cabling）

布线是指能够支持信息电子设备相连的各种线缆、跳线、接插软线和连接器件组成的系统。

这里的线缆既包括光缆，也包括电缆。连接器件包括光模块和电模块、配线架等，这些都是不需要电源就能正常使用的无电源设备，业界简称为"无源设备"。由此可见，这个国家标准规定的综合布线系统里没有交换机、路由器等有电源设备，因此常说"综合布线系统是一个无源系统"。

2. 建筑群子系统（Campus Subsystem）

建筑群子系统是指由配线设备、建筑物之间的干线电缆或光缆、设备线缆、跳线等组成的系统。这里的配线设备主要包括网络配线架和网络配线机柜，这里的网络配线架一般都是光缆配线架。

3. 建筑物配线设备（Building Distributor）

建筑物配线设备是指主干线缆或建筑群主干线缆终接的配线设备。

4. 楼层配线设备（Floor Distributor）

楼层配线设备是指电缆或者水平光缆和其他布线子系统线缆的配线设备。

5. 建筑群主干光缆（Campus Backbone Cable）

建筑群主干光缆是指建筑群内连接建筑群配线架与建筑物配线架的电缆、光缆。

6. 建筑物主干线缆（Building Backbone Cable）

建筑物主干线缆是指建筑物配线设备至楼层配线设备及建筑物内楼层配线设备之间相连接的线缆。

7. 建筑物入口设施（Building Entrance Facility）

建筑物入口设施是指相关规范机械与电气特性的连接器件。

8. 水平线缆（Horizontal Cable）

水平线缆是指管理间配线设备到信息点之间的连接线缆。如果链路中存在 CP 集合点时，水平线缆为管理间配线设备到 CP 集合点之间的连接线缆。

9. CP 集合点（Consolidation Point）

CP 集合点是指楼层配线设备与工作区信息点之间水平线缆路由中的连接点。

《综合布线系统工程设计规范》（GB 50311—2016）标准中专门定义和允许 CP 集合点，其目的就是解决工程实际布线施工中遇到管路堵塞、拉线长度不够等特殊情况而无法重新布线时，允许使用网络模块进行一次端接，也就是说，允许在永久链路实际施工中增加一个接续。注意不允许在设计中出现集合点。

　　布线系统信道和链路构成图允许在永久链路的水平线缆安装施工中增加 CP 集合点。在实际工程安装施工中，一般很少使用 CP 集合点，因为增加 CP 集合点可能影响工程质量，还会增加施工成本，也会影响施工进度。

10.　CP 线缆（Cp Cable）

CP 线缆是指连接 CP 集合点至工作区信息点的线缆。

11.　CP 链路（Cp Link）

CP 链路是指楼层配线设备与集合点（CP）之间的链路，也包括各端的连接器件。

12.　链路（Link）

链路是指一个 CP 链路或是一个永久链路。

13.　永久链路（Permanent Link）

永久链路是指信息点与楼层配线设备之间的传输线路，它不包括工作区线缆和设备线缆、跳线，但可以包括一个 CP 链路。

14.　信道（Channel）

信道是指连接两个应用设备的传输通道，包括设备线缆和工作区线缆。

15.　工作区（Work Area）

工作区是一个需要设置终端设备的独立区域。这里的工作区是指需要安装计算机、打印机、复印机、考勤机等在网络终端使用设备的一个独立区域。在实际工程应用中，一个网络插口为一个独立的工作区。

16.　连接器件（Connecting Hardware）

电缆连接器主要适用于传输设备、各类数字程控交换机、光电传输设备内部联接和配线架之间的信号传输，用于传输数据、音频、视频等通信设备。

光缆连接器是光纤与光纤之间进行可拆卸（活动）连接的器件，它把光纤的两个端面精密对接起来，以使发射光纤输出的光能量能最大限度地耦合到接收光纤中去，并使由于其介入光链路而对系统造成的影响减到最小，这是光缆连接器的基本要求。在一定程度上，光缆连接器影响了光传输系统的可靠性和各项性能。

17.　光纤连接器（Optical Fiber Connector）

光纤连接器是光纤通信系统中使用量最多的光无源器件，大多数的光纤连接器是由三个部分组成的：两个光纤接头和一个耦合器。两个光纤接头装进两根光纤尾端，耦合器起对准套管的作用。另外，耦合器多配有金属或非金属法兰，以便于连接器的安装固定。

18.　信息点（Telecommunications Outlet，TO）

信息点是指各类电缆或光缆终接的信息插座模块。

19. 设备电缆（Equipment Cable）

设备电缆是指交换机等网络信息设备连接到配线设备的电缆。

20. 跳线（Jumper）

跳线是指电缆跳线，一般有三类：两端带连接器件；一端带连接器件，另一端不带连接器件；两端都不带连接器件。连接器件一般是水晶头，在机房有时为鸭嘴头。

光纤跳线只有一类，必须两端都带连接器件，两端的连接器件可以相同，也可以不同。这里的连接器件主要有 ST 头、SC 头、FC 头等多种。

21. 线缆（包括电缆、光缆）（Cable）

线缆是指在一个总护套里，由一个或多个同类型线对组成，并可包括一个总的屏蔽物。

22. 光缆（Optical Cable）

光缆是指由单芯或多芯光纤构成的线缆。

23. 线对（Pair）

线对是指一个平衡传输线路的两个导体，一般指一个对绞的线对。

24. 平衡电缆（Balanced Cable）

平衡电缆是指由一个或多个金属导体线对组成的对称电缆。

25. 接插软线（Patch Called）

接插软线是指一端或两端带有连接器件的软电缆或软光缆。

26. 多用户信息插座（Mufti—User Telecommunications Outlet）

多用户信息插座是指在某一地点，若干信息插座模块的组合。在实际应用中，通常为双口插座。

1.6.2 综合布线常用符号和缩略词

与名词术语相同，综合布线系统中出现的常用符号和缩略词也主要参考了 ISO/IEC 11801 与 ANSI/TIA/EIA 568 的国际标准。本门课程同样要重点了解《综合布线系统工程设计规范》（GB 50311—2016）国家标准中出现的常用符号和缩略词，如表 1-3 所示。

表 1-3　《综合布线系统工程设计规范》（GB 50311—2016）中的常用缩略词

英 文 缩 写	英 文 名 称	中文名称或解释
ACR	Attenuation to Crosstalk Ratio	衰减串音比
BD	Building Distributor	建筑物配线设备
CD	Campus Distributor	建筑群配线设备
CP	Consolidation Point	集合点

续表

英　文　缩　写	英　文　名　称	中文名称或解释
dB	db	电信传输单元：分贝
d.c.	Direct Current	直流
ELFEXT	Equal Level Far End Crosstalk Attenuation(Loss)	等电平远端串音衰减
FD	Floor Distributor	楼层配线设备
FEXT	Far End Crosstalk Attenuation(Loss)	远端串音衰减（损耗）
IL	Insertion Loss	插入损耗
ISDN	Integrated Services Digital Network	综合业务数字网
LCL	Longitudinal to Differential Conversion Loss	纵向对差分转换损耗
OF	Optical Fibre	光纤
PS NEXT	Power Sum NEXT Attenuation(Loss)	近端串音功率和
PS ACR	Power Sum ACR	ACR 功率和
PS ELFEXT	Power Sum ELFEXT Attenuation(Loss)	ELFEXT 衰减功率和
RL	Return loss	回波损耗
SC	Subscriber Connector(Optical Fibre Connector)	用户连接器（光纤连接器）
SFF	Small Form Factor Connector	小型连接器
TCL	Transverse Conversion Loss	横向转换损耗
TE	Terminal Equipment	终端设备
Vr.m.s	Vroot.mean.square	电压有效值

任务 2

认识物联网综合布线

子任务 2.1　物联网综合布线简介

当今社会已逐步进入了物联网时代。在生活中酒店用餐时使用的电子点菜系统、住宿时使用的电子门禁系统，在工作中使用的考勤系统等，都是物联网工程的典型应用。

互联网已全面进入每个人的生活和工作中，物联网是在互联网的基础上发展起来的一种新型的网络系统，两者密切相关。要认识物联网，可以通过寻找身边的、校园内的物联网技术应用来学习物联网工程的基本概念。

案例 1　校园门禁系统

当同学们在上学、放学进出校园门口时，在校园门口安装的射频阅读装置会自动对人员信息进行读取，然后将自动采集的信息传送到后端系统进行存储分析，系统自动以短信的形式将学生的出入信息及时通知家长，家长就能及时知道孩子的动态信息。

案例 2　校园安防系统

在校园中，我们在教室、走廊、宿舍的房顶、墙面上看到许多烟雾、温度感知装置，当烟雾浓度和温度超过危险值时，传感系统自动启用灭火装置进行灭火，同时发出警报将险情传给安保中心及时处理险情。

在校园围墙上，我们可以看到许多红外感应装置。这种装置能够有效防止非法入侵人员，并通过监控和定位跟踪技术将获取的信息进行判断（如物体的尺寸、位置），将感知到的信息传递到安保人员处，安保人员通过监控画面跟踪，确定危险人员，及时赶往现场。

以上这些校园安防设备就是利用图像识别、全球定位系统（GPS）、无线传感网络和遥感、智能识别等技术，合理部署多级传感器，全面感知校园的环境、物品及外来入侵人员的变化情况，并且及时提示或者报警。

2.1.1 物联网工程的相关概念

关于物联网的概念和定义，学术界和业界有多种认识和观点，一种概念从物联网与互联网的对比角度认为，物联网是通过射频识别（RFID）、红外感应器、全球定位系统（GPS）、激光扫描器等信息传感设备，把任何物品与互联网连接起来，进行信息的交换和通信，以实现智能化识别、定位、跟踪、监控和管理的一种网络。

物联网的另一种概念认为，物联网是由具有自我标识、感知和智能的物理实体基于通信技术相互连接形成的网络，这些物理设备可以在无须人工干预的条件下实现协同和互动，为人们提供智慧和集约服务，并具有全面感知、可靠传递、智能处理的特点。

根据物联网与互联网的关系分类，不同的专家学者对物联网给出了各自的定义，下面介绍几种目前比较流行的概念和定义。

1. 物联网是传感网

有的专家认为，物联网就是传感网，只要给人们生活环境中的物体安装传感器，这些传感器可以更好地帮助人类识别环境，这个传感器网不接入互联网。例如，上海浦东机场的传感器网络本身并不接入互联网，却号称是中国第一个物联网。物联网与互联网的关系是相对独立的两个网。

传感网是把所有物品通过 RFID 和条码等信息传感设备与互联网连接起来，从而实现智能化识别和管理的网络。该定义最早于 1999 年由麻省理工学院提出，实际上物联网等于 RFID 技术和互联网结合应用。RFID 标签是早期物联网最为关键的技术与主要的产品，当时认为物联网最大规模、最有前景的应用就是在零售和物流领域。利用 RFID 技术，可以通过计算机互联网实现物体的自动识别和信息的互联与共享。

2. 物联网是互联网的补充网络

有的专家认为互联网是指人与人之间通过计算机形成的全球性网络，服务于人与人之间的信息交换。而物联网的主体则是各种各样的物品，通过物品间传递信息从而达到最终服务于人的目的，两个网的主体是不同的，因而物联网是互联网的扩展和补充。互联网好比是人类信息交换的动脉，物联网就是毛细血管，两者相互连通，物联网是互联网的有益补充。

3. 物联网是未来的互联网

从宏观概念上讲，未来的物联网将使人置身于无所不在的网络之中，在不知不觉中，人可以随时随地与周围的人或物进行信息交换，这时物联网也就等同于泛在网络，或者说未来的互联网。物联网、泛在网络、未来的互联网，它们的名字虽然不同，但表达的都是同一个愿望，那就是人类可以随时、随地使用任何网络联系任何人或物，达到信息自由交换的目的。

从上述定义不难看出，物联网的内涵起源于使用 RFID 对客观物体进行标识，利用网络进行数据交换这一概念，并不断扩充、延伸和完善。物联网主要由 RFID 标签、标签阅读器、信息处理系统、编码解析与寻址系统、信息服务系统和互联网组成。通过对拥有全球唯一编码的物品的自动识别和信息共享，实现开放环境下对物品的跟踪、溯源、防伪、定位、监控以及自动化管理等功能。

2.1.2 物联网综合布线关键技术

"物联网技术"的核心和基础仍然是"互联网技术"，是在互联网技术基础上的延伸和扩展的一种网络技术；其用户端延伸和扩展到了任何物品和物品之间进行信息交换和通信。因此，物联网技术的定义是：通过射频识别（RFID）、红外感应器、全球定位系统、激光扫描器等信息传感设备，按约定的协议，将任何物品与互联网相连接，进行信息交换和通信，以实现智能化识别、定位、追踪、监控和管理的一种网络技术。

1. 物联网架构关键技术

从技术架构上来看，物联网可分为三层：感知层、网络层和应用层。如图 2-1 所示，感知层由各种传感器以及传感器网关组成，包括温度传感器、二维码标签、RFID 标签和读写器、摄像头、GPS 等感知终端。感知层的作用相当于人的眼、耳、鼻、舌和皮肤等感觉器官，其主要功能是识别物体、采集信息。

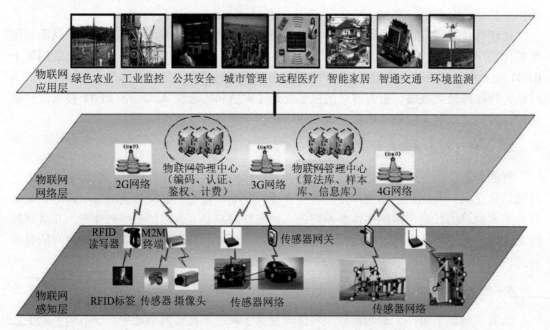

图2-1　物联网基本架构示意图

网络层由各种企业和事业单位的单位网络、互联网、有线和无线通信网、网络管理系统和云计算平台等组成，相当于人的神经中枢和大脑，负责传递和处理感知层获取的信息。

应用层是物联网和用户（包括人、组织和其他系统）的接口，它与行业需求相结合，实现物联网的智能应用。

2. 物联网感知技术

感知技术也可以称为信息采集技术，它是实现物联网的基础。目前，信息采集主要采用电子标签和传感器等方式完成。在感知技术中，电子标签用于对采集的信息进行标准化标识，数据采集和设备控制通过射频识别读写器、二维码识读器等实现。

1）RFID 技术

射频识别（RFID）即射频识别技术，是一种通信技术，可通过无线电讯号识别特定目标并读写相关数据，而无须在识别系统与特定目标之间建立机械或光学接触，即是一种非接触式的自动识别技术。

2）传感器技术

传感器是机器感知物质世界的"感觉器官"，用来感知信息采集点的环境参数。它可以感知热、力、光、电、声、位移等信号，为物联网系统的处理、传输、分析和反馈提供最原始的信息。随着电子技术的不断进步，传统的传感器正逐步实现微型化、智能化、信息化、网络化；同时，我们也正经历着一个从传统传感器到智能传感器再到嵌入式 Web 传感器不断发展的过程。

3）物联网网络通信技术

在物联网的机器到机器、人到机器和机器到人的信息传输中，有多种通信技术可供选择，他们主要分为有线（如 DSL、PON 等）和无线（如 CDMA、GPRS、IEEE 802.11a/b/g WLAN 等）两大类技术，这些技术均已相对成熟。在物联网的实现中，格外重要的是无线传感网技术。

（1）M2M 技术，即机器对机器通信。M2M 重点在于机器对机器的无线通信，存在以下 3 种方式：机器对机器、机器对移动电话（如用户远程监视）和移动电话对机器（如用户远程控制）。

（2）无线传感网。传感网的定义为：随机分布的集成有传感器、数据处理单元和通信单元的微小节点，通过自组织的方式构成的无线网络。借助于节点中内置的传感器测量周边环境中的热、红外、声呐、雷达和地震波信号，从而探测包括温度、湿度、噪声、光强度、压力、土壤成分、移动物体的速度和方向等物质现象。目前，面向物联网的传感网主要涉及以下几项技术：测试及网络化测控技术、智能化传感网节点技术、传感网组织结构及底层协议、对传感网自身的检测与自组织、传感网安全。

4）物联网数据融合与智能技术

物联网是由大量传感网节点构成的，在信息感知的过程中，采用各个节点单独传输数据到汇聚节点的方法是不可行的。因为网络存在大量冗余信息，会浪费大量的通信带宽和宝贵的能量资源。此外，还会降低信息的收集效率，影响信息采集的及时性，所以需要采用数据融合与智能技术进行处理。

所谓数据融合是指将多种数据或信息进行处理，组合出高效且符合用户需求的数据的过程。海量信息智能分析与控制是指依托先进的软件工程技术，对物联网的各种信息进行海量存储与快速处理，并将处理结果实时反馈给物联网的各种"控制"部件。智能技术是为了有效地达到某种预期的目的，利用知识分析后所采用的各种方法和手段。通过在物体中植入智能系统，可以使得物体具备一定的智能性，能够主动或被动地实现与用户的沟通，这也是物联网的关键技术之一。

5）纳米技术

纳米技术是研究尺寸在 0.1～100 nm 的物质组成体系的运动规律和相互作用以及可能实际应用中的技术。目前，纳米技术在物联网技术中的应用主要体现在 RFID 设备的微小化设计、感应器设备的微小化设计、加工材料和微纳米加工技术上。

2.1.3　物联网与综合布线系统

物联网将涉及智能楼宇、智能家居、路网监控、个人健康与数字生活等诸多领域，形成基于海量信息和智能过滤处理的新生活，面向未来构建全新的城市发展形态。

综合布线系统进入物联网是极其必要的，可以有效地解决目前的远程化管理问题、集中管理频频出现的效率低下问题、安全性不高造成的泄密问题、文档管理时间一长文档涂改的无法查询问题、端口识别容易脱落问题、资源管理端口的大量浪费问题、高成本维护和误操作等一系列问题。

综合布线作为独立的系统，涉及建筑、信息通信、控制等多个领域。经过布线可以实现智能化，对智能建筑、智慧城市的整个建设期和运维期进行管理。通过对布线管理和网络管理，与城市综合管线的管理进行集成，从而实现资源共享。在当前国家宽带提速的政策要求下，将布线系统标识与标签的技术内容加以延伸，注重光纤入户及宽带网络的建设，使之由传统向智能方向转变，实现多领域技术的融合，从而实现工程管理上物联网与互联网的结合。因此综合布线将是物联网的承载者，也是物联网的使用者。

我们可以认为，物联网的发展会为综合布线的发展提供动力。从物联网技术原理来讲，物联网的发展将会促进接入网、局域网和数据中心的发展。因为没有网络，物联网无从谈起。智慧城市的建立需要信息交流、物质交流以及信息和物质融合交流，对布线的可靠性、安全性、实时性等要求更高，必将为布线的未来带来更多的机遇和挑战。

物联网工程中常见的系统有智能家居系统、对讲门禁及室内安防系统、电力线通信系统。接下来，将分别对这三个系统的布线施工进行详细学习。

子任务 2.2　智能家居系统的布线施工

智能家居是一种新兴的健康、环保、舒适、节能的生活理念。智能家居系统源于 20 世纪 70 年代美国环境专家提出的家居功能系统的概念，并在八九十年代兴盛于欧洲。智能家居系统采用了家居设备集成方案组成的一系列户式中央系统，全面提升了家居生活的舒适度，并能全面满足世界卫生组织（WHO）关于健康住宅的 15 项标准。目前，智能家居系统在发达国家已经得到广泛的普及，而在包括中国在内的发展中国家尚处于新兴阶段。

智能家居布线的规范性是十分重要的，它关系智能家居系统能否正常运转。智能家居布线是实现家庭智能化的第一步，也是实现智能家居系统最重要的基础条件。智能家居系统的可靠性、稳定性及实际使用效果的好坏，20%取决于系统设备的内在质量，30%取决于系统的选型设计，50%取决于系统的安装施工质量。另外，及时、有效的售后服务体系也是智能家居系统正常运转的可靠保障。

2.2.1　认识智能家居系统

电子技术、信息技术的快速发展，使得智能化设备进入了千家万户，智能家居系统已经悄悄地改变了我们的生活方式，它让我们的住宅变得更加高效、安全、节能和丰富多彩。通过本小节的学习了解智能家居系统的定义，掌握智能家居系统的基本组成及基本功能。

1. 智能家居系统的定义

智能家居是以住宅为平台，利用综合布线技术、网络通信技术、安全防范技术、自动控制技术、音视频技术等进行集成，包括与家居生活有关的通信、家电、安保设施集成，并对其进行监视和控制，以实现高效的住宅环境、设施与事务管理，达到提升家居安全性、便利性、舒适性、艺术性和环保节能的一套家居住宅系统。通过网络化综合智能控制和管理，实现"以人为本"的全新家居生活体验。

智能家居系统主要包括环境调控、生活用水、信息娱乐和智能监控四个方面。

（1）在环境调控方面包括户式中央空调系统、户式中央新风系统、户式中央吸尘系统和户式独立采暖系统等。

（2）在生活用水方面包括户式中央热水系统（含太阳能、电能、燃气等方式）和户式中央水处理系统（含软水、净水、纯水）等。

（3）在信息娱乐方面包括户式信息系统（含电话交换、宽带网络、闭路电视、卫星电视）和户式娱乐系统（含家庭影院、背景音乐）等。

（4）在智能监控方面包括户式安防系统（含防入侵报警、视频监控、消防安全）和户式智能控制（含灯光控制、窗帘控制、电器控制、厨卫设备控制）等。

2. 智能家居系统的组成

智能家居系统主要由信息采集部分、信息传输部分、家居智能控制部分、反馈控制处理部分四部分组成。

信息采集部分包括开关量信号采集、脉冲信号采集、模拟信号采集三个方面。

信息传输部分包括通信传输协议和信息传输载体两个方面。通信传输协议可分为数据信息通信协议和报警通信传输协议两种。信号传输方式可分为有线传输和无线传输两大类。有线传输包括双绞线传输、同轴电缆传输、电力线载波传输和电话线传输等；无线传输包括 RFID、Wi-Fi、GPRS、蓝牙和红外线传输等。

家居智能控制部分包括信息显示、信息输入、处理与控制三部分内容。

3. 智能家居系统的功能

智能家居系统涵盖家居控制系统、家居安防系统、家居监控系统、家居环境系统、影音娱乐集中控制系统、背景音乐系统、远程控制系统和可视对讲系统等。各个子系统可以独立运行，也可以相互组合，形成多种联动和场景。

1）家居控制系统

（1）外出场景：主人外出时启动外出场景，安防设备会自动布防，同时检测大功率电器是否关闭。

（2）睡眠场景：所有房间照明灯、音响、电视等全部关闭，床头灯缓缓关闭，卫生间灯亮度自动调为 25%，便于起夜照明。

（3）起床模式：此场景可以定时，开启此场景时，灯光会缓缓亮起，音响会播放轻快音乐，自动窗帘、自动窗户打开，呼吸新鲜空气，让人精神百倍。

2）家居安防系统

（1）渗水情况：当传感器检测到厨房出现渗水情况时，会向室内主机、用户手机、PC（个人计算机）发出提示消息。

（2）燃气泄漏：当检测到煤气、一氧化碳等可燃气体泄漏时，会向室内主机、用户手机、PC 发出紧急报警。

（3）火警情况：一旦发生火警情况，会向室内主机、用户手机、PC、亲友、消防部门发出紧急报警，向更多人公布警情，增大救援概率，降低损失。

3）家居监控系统

（1）匪警情况：如发生非法闯入等警情时，会向室内主机、用户手机、PC、亲友、公安部门发出紧急报警，寻求多方援助，确保主人人身财产安全。

（2）紧急求助：如果家庭内有高危病人出现紧急情况时，可触按紧急按钮，向家人/亲友手机、PC、MRC、医院发出紧急救助。

4）家居环境系统

（1）光照调节：室外光照过强时，室内灯光会自动调暗，如果仍然感到光照过强，则窗帘会自动关闭。

（2）风雨天气：如果室外雨量过大、风速过快，则门窗会自动关闭，避免室内设备被淋湿或损坏。

（3）温度调节：当室内温度过高或过低时，空调会自动打开将温度调节至最佳。

（4）湿度调节：夏天室内湿度过高时，空调会自动抽湿；冬天室内湿度过低时，加湿器会自动加湿。

（5）空气质量：随时随地调节家中每个区域的温度和进行环境温、湿度信息检测，时刻侦测空气质量及二氧化碳浓度，当检测到甲醛、苯等有害气体含量过高时，会发出报警，提示用户采取治理措施，让居家随时保持一个良好的环境。

5）影音娱乐集中控制系统

（1）影院场景：灯光自动调至 25%亮度，投影器自动降下并打开，DVD 开始播放光碟。

（2）生日场景：当家人过生日时，开启生日场景，客厅电视会自动关闭，餐厅主灯亮度自动调暗，彩灯亮起，音响响起生日、怀旧歌。

（3）工作场景：办公室灯光全亮，音响关闭，电视关闭，空调自动开启，为主人创造一个安静、舒适的工作环境。

6）背景音乐系统

（1）会客场景：当客人光临时，客厅照明灯会全部打开，音响自动播放迎宾曲，彰显主人的礼仪和热情。

（2）晚餐场景：窗帘会全部关闭，餐厅灯光亮度自动调为 25%，音响播放舒缓音乐，让心情更放松，更富浪漫情调。

7）远程控制系统

（1）远程控制：当主人不在家时，用户可以通过手机、MRC、PC 来控制家电。

（2）远程监控：主人可以随时随地通过手机、MRC、PC 来查看摄像机，监视车库等财富重地，查看保姆、小孩、老人活动动向。

8）可视对讲系统

用户可以使用 MRC 实现随时随地与家庭内或亲友的室内主机、MRC 之间的可视对讲。

2.2.2　智能家居布线系统的设计与施工

智能家居布线系统就像家居房间内的"神经系统"，它传递着各种信号到各设备，是智能家居中最基本的系统。许多其他智能家居系统都需基于智能家居布线系统来完成传输和配线管理，如宽带接入系统、家庭通信系统、家庭局域网、家居安防系统、家庭娱乐系统、家居自动化控制等。

智能家居布线系统不但能给住户提供高速的 Internet 接入、灵活多样的娱乐及信息共享，更为住户提供全面便利的家居自动化控制、安全可靠的供电系统、自动消防系统、安防监控系统等必要条件。

智能家居住宅布线系统可为住户提供一个完美的家中工作环境，即插即用地支持多种接入，包括电话、传真、高速数据网络、视讯会议系统、Internet 接入等。

1. 智能家居布线系统的结构

智能家居布线系统参照综合布线标准进行设计，但它的结构相对简单，主要参考标准为智能家居布线标准（ANSI TIA/EIA 570A），该标准主要是订出新一代的家居电讯布线规范。

在通信结构方面，现代的布线理念基本采用有线的星型拓扑结构和总线型拓扑结构结合的方式进行设计，还有一种电力线通信技术，适用于不方便进行信息布线的情况。另外，就是红外、蓝牙、ZigBee 等无线传输方式。

星型拓扑结构强调的是每条线路都是独立的，网络中的每个节点都通过中央节点进行通信，避免了单点故障导致整个系统的瘫痪，如图 2-2 所示。但是星型拓扑结构也有其缺点，由于中央节点负责处理整个网络中的所有通信，所以它需要高度的可靠性和较强的处理性能。这一方面增加了中央节点的复杂和维护程度，一旦中央节点发生故障，整个网络就会瘫痪；另一方面，可靠性和高性能也提高了设备成本。所以，星型拓扑结构一般在报警、灯控等通信相对简单的系统中使用较少。

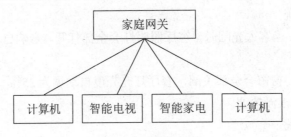

图2-2　星型拓扑结构

　　总线型拓扑结构中所有设备都直接与总线相连，它所采用的介质一般是同轴电缆或成对电缆，网络中所有的数据都需经过串行的总线进行传送。由于各个节点之间通过一根电缆直接连接，所以总线型拓扑结构所需要的线缆长度是最小的。但由于总线的负载能力有限，所以总线的长度和节点的数量也是有限的。另外，由于所有数据都经过总线进行传输，所以总线的故障会引起整个网络的瘫痪。总线型拓扑结构还有一个缺点就是由于采用串行通信，每个节点只能依次进行传输，而随着节点数量的增加，通信的速率会逐渐降低，所以总线型拓扑结构多用于通信速率较低的领域，如报警系统，如图 2-3 所示。

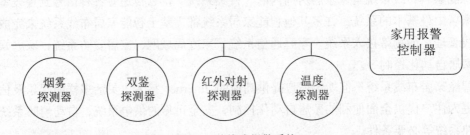

图2-3　总线式报警系统

　　电力线通信（PLC），也叫电力线载波通信，是电力系统特有的通信方式，它利用现有电力线，通过载波的方式将模拟或数字信号进行传输。它最大的特点是不需要重新布设线缆，只要有电线，就能对家用电器及办公设备进行智能控制。电力载波技术应用于数据通信已经有多年的时间了，但由于电力表和变压器等电气设备对其信号有阻隔作用，另外，电力线的信号衰减比较严重以及电力线本身的脉冲干扰等缺点，一直以来没有在电力网上大规模使用。随着技术水平的提高以及家居网络的特点，电力线载波技术在智能家居系统领域开始兴起。

　　无线传输技术是一种非常方便快捷的信号传输方式，由于没有通信线缆的限制，无线设备可以随意移动。但由于住宅建筑的结构，住宅中的墙壁就成了无线通信在智能家居系统中大规模使用的最大阻碍，适合于高速通信的高频无线电波穿透性很差，穿透性较强的低频无线电波却不能满足高速通信的需求。另外，无线电干扰问题也一直困扰着无线技术的应用，虽然跳频技术在一定程度上解决了这一问题，但不能根本性地隔绝干扰；还有就是无线设备的供电，现有的电池不足以支持无线前端设备长时间工作，使用电力线供电的设备失去了无线的优势。

就可靠性而言，有线星型拓扑结构由于节点之间没有干扰而最可靠；其次是总线型拓扑结构；电力线通信由于干扰、无线技术穿透墙壁时信号衰减等问题，可靠性较低，只能用于一般的娱乐等系统中。

2．智能家居布线系统的组成

（1）局域网系统。

（2）可视对讲系统。

（3）有线电视系统。

（4）电话系统。

（5）家庭影院系统。

（6）家庭背景音乐系统。

（7）红外转发系统。

（8）监控报警系统。

（9）家居控制系统。

3．智能家居布线系统的工程技术

根据家居综合布线的设计原则，智能家居布线系统可以分为既相互独立又相互关联的3个子系统，即管理子系统、水平子系统和工作区子系统。

1）管理子系统

智能家居布线管理子系统是家庭信息集中点，其核心是智能家庭信息接入箱。

智能家庭信息接入箱是统一管理居室内的电话、传真、计算机、电视机、影碟机、音响、安防监控设备和其他网络信息家电的家庭信息平台，实现各类弱电信息布线在户内的汇集、分配，并方便集中管理各类用户终端适配器。它可以使家里的各种电器、通信设备、安防报警、智能控制等设备功能更强大、使用更方便、维护更快捷、扩展更容易。

2）水平子系统

水平子系统由智能家庭信息接入箱和到各工作区信息插座的线缆组成。一般采用星型拓扑结构，线缆布放在预埋线管中，并应注意强弱电布线间隔，在间隔无法满足的情况下应选用屏蔽线缆或金属管进行屏蔽。

水平线缆一旦布设完毕，以后将很难更改或替换，所以在线材选用上应当尽量选用优质产品。还应该考虑以后的升级扩展，语音通信尽量使用超五类线缆，数据通信尽量考虑使用六类线缆等。

另外，要遵循按需布线的原则，无论是网络共享、电视电话，还是音视频共享、背景音乐、安防报警信号等功能，都应根据需要来布设，切忌盲目杂乱布线。

3）工作区子系统

工作区子系统由安装在房间内的信息插座以及连接插座和终端设备的连线组成。

智能住宅内的信息插座应保证有足够数量，以便将来扩展功能和添加设备。不论房间大小，都应设置至少一个信息插座，当房间长度大于 3.7 m 时应适当增加信息插座数量，安装位置应符合标准要求。

固定安装的终端设备连接一般采用总线型拓扑结构，这和数据信息点的结构有较大差别。例如，烟雾探测器一般安装在屋顶并且位置固定，这时使用总线型拓扑结构的报警信号就可以使用一根信号线缆经过屋顶安装敷设的线管进行布设。

4. 智能家居布线系统的工程施工

智能家居布线系统工程是一个高度复杂的布线系统工程，它集合了从强电到弱电、从数字到模拟、从家庭娱乐到安防监控等过程。其工程施工的要求比网络综合布线及强电系统施工要高很多，不规范的施工容易造成智能家居系统的功能缺失，对系统设备也容易造成损坏。

1）智能家居布线系统工程施工方法

（1）工程前期准备。首先需要做的就是画一个居室的平面图，然后将所有计划好的信息点标识在图上，并规划好家居信息接入箱的位置和安装方式。之后将需要连通的线画到图中，并粗略计算出各种线缆的长度，列出材料清单。然后根据材料清单购买材料，材料的购买以 PVC（聚氯乙烯）管材和各种线材为主，应从正规渠道购买优质线缆，以避免后患。将所有购买来的线材进行分类，在线材的两端贴上相应的标签，将需要走在一个路线上的线材进行整理，这样就得到了多组有不同类型的线缆组成的线路。这样一来后面的布线施工就非常容易了。

（2）工程施工开始。

首先确定信息底盒以及信息接入箱的安装位置，规划好线管路由，然后再进行施工安装。某些设备如报警探测器和监控摄像机等，在确定其安装位置时还应检查房屋墙面和以后的家具是否会影响其正常运行。

穿线前应检查线材的连通状况，确保布设好的线材没有损坏，否则布设完成后发现线缆不通，就会造成很大麻烦。另外，布线时应确保"活线"，也就是可以通过面板或接线盒直接将线拉出来。

在墙上、地上打孔凿槽时应注意做好防护措施，以免危害到人员安全。这里要提醒大家，卫生间里的信息插座不要设置在门口，最好靠近马桶并做好防水措施，不然就失去了在厕所安装信息插座的意义了。

布线工程完成后，就可以进行各种信息插座的连接了。不同线缆的信息插座的端接方法不同，在安装时应注意正确规范施工。

（3）施工完成后的检测。控制信号线缆和音视频信号线缆的检测一般采用测量通断和阻抗的方法，在大型工程施工时还应根据国际国内标准对其各种指标进行测试，以保证系统的正常和优质。对于数据通信线缆，如网线、同轴电缆，必须根据相应的信息布线验收规范等标准进行测试。不合格的线路，应重新布设。

2）智能家居布线系统设备安装

（1）家庭信息接入箱的安装。

家庭信息接入箱有两种安装方法：① 一般功能较少的智能家居所使用的信息接入箱体积较小，可在客厅或书房线路集中且易于维护的地方入墙式安装。② 在线缆集中点附近的壁柜里或储藏间里直接安装，这种安装方法适合功能模块较多，信息接入箱较大的情况。

确定好信息箱安装位置后，在墙体上安装时应注意，箱体埋入墙体时其面板露出墙面约1 cm，方便以后抹灰。两侧的出线孔不要填埋，当所有布线完成并测试后，再用石灰砂封平。

（2）线管的敷设。

线管一般敷设在地板下，新建毛坯房在楼板中预埋线管。部分线缆可能需要在墙面安装，此时也需要在墙面开槽布管，有吊顶的房间在屋顶安装线管时可直接将线管固定在屋顶墙面，若不做吊顶，则也应开槽布管。

在墙面或地面开槽时应了解墙体结构是否适合开槽，不可强行在墙面施工而破坏建筑结构，施工时首先应确定开槽的宽度和深度，宽度能放进线管就可以了，深度要比线管直径多大约1 cm，以方便水泥封槽，然后规划好挖槽走向，确认所经过墙体内没有其他线缆，并且与强电线缆之间有足够间隔。一般强、弱电之间不能平行走线，尽量避免交叉走线。

（3）信息底盒的安装。安装信息底盒时距离地面高度不应小于30 cm，位置应考虑方便附近设备使用。在智能住宅的每一个房间都应安装至少一个信息底盒，包括卫生间和厨房，若房间长或宽大于3.7 m，应适当增加信息底盒数量。

（4）线缆的布设。一般从信息接入箱到信息底盒使用一根完整的线缆，中间不应有续接点。拉线时应注意线缆不能与出线管口形成90°角，这样会破坏线缆护套和内部结构，影响传输性能。穿好的线缆应预留一定长度在信息接入箱和信息底盒内。

（5）线缆的端接。智能家居布线中的线缆端接主要有以下几种：双绞线与信息模块的端接、同轴电缆与模块的端接、音视频线与模块的端接、控制线与接线端子的端接等。

子任务 2.3　电力线通信系统的布线施工

电力通信网是为了保证电力系统的安全稳定运行而产生的。它同电力系统的安全稳定控制系统、调度自动化系统被人们合称为电力系统安全稳定运行的三大支柱。它更是电网调度自动化、网络运营市场化和管理现代化的基础，是确保电网安全、稳定、经济运行的重要手段，是电力系统的重要基础设施。由于电力通信网对通信的可靠性、保护控制信息传送的快速性和准确性具有极严格的要求，并且电力部门拥有发展通信的特殊资源优势，因此，世界上大多数国家的电力公司都以自建为主的方式建立了电力系统专用通信网。

电力线通信系统由于其可靠的性能，为物联网技术应用提出了一种新的设计思路。目前已广泛应用于物联网医疗卫生、现场监控、智能交通和智能家居领域。图2-4 所示为电力线通信在物联网中的应用方案。

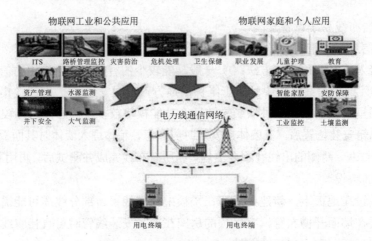

图2-4 电力线通信在物联网中的应用

2.3.1 认识电力线通信系统

物联网技术的发展给电力线通信系统带来了新的内涵。电力线通信系统将突破低带宽、低速率的技术瓶颈，向大容量、高速率方向发展，技术发展方向为利用低压配电网进行载波通信，实现家庭用户利用电力线打电话、上网等多种业务，逐步实现以电力线为媒介的数字化家庭网络。

1. 电力线通信系统的概念

电力线通信（Power Line Communication，PLC）技术是指利用电力线传输数据和媒体信号的一种通信方式。该技术把载有信息的高频加载于电流，然后用电线传输，接受信息的适配器再把高频从电流中分离出来并传送到计算机或电话机以实现信息传递。

电力线通信的全称是电力线载波（Power Line Carrier，PLC）通信，是指利用高压电力线（在电力载波领域通常指 35 kV 及以上电压等级）、中压电力线（指 10 kV 电压等级）或低压配电线（380 V/220 V 用户线）作为信息传输媒介进行语音或数据传输的一种特殊通信方式。电力猫即"电力线通信调制解调器"，是通过电力线进行宽带上网的 Modem 的俗称。使用家庭或办公室现有电力线和插座可组建成网络，连接 PC、ADSL Modem、机顶盒、音频设备、监控设备以及其他智能电气设备，用来传输数据、语音和视频。它具有即插即用的特点，能通过普通家庭电力线传输网络 IP 数字信号。

2. 电力线通信系统的基本原理

在发送时，电力线通信系统利用调制技术将用户数据进行调制，把载有信息的高频加载于电流，然后在电力线上进行传输；在接收端，先经过滤波器将调制信号取出，再经过解调，就可得到原通信号，并传送到计算机或电话机，以实现信息传递。PLC 设备分局端和调制解调器，局端负责与内部 PLC 调制解调器通信并与外部网络连接。在通信时，来自用户的数据进入调制解调器调制后，通过用户的配电线路传输到局端设备，局端将信号解调出来，再转到外部的互联网。

具体的电力线载波双向传输模块的设计思想为：由调制器、振荡器、功放、T/R 转向开关、耦合电路和解调器等部分组成传输模块，其中振荡器是为调制器提供一个载波信号。在发射数据时，待发信号从 TXD（发送数据）端发出后，经调制器进行调制，然后将已调信号送到功放级进行放大，再经过 T/R 转向开关和耦合电路把已调信号加载到电力线上。接收数据时，发射模块发送出的已调信号通过耦合电路和 T/R 转向开关进入解调器，经解调器解调后提取原始信号，并将原始信号从 RXD（接收数据）端送到下一级数字设备中。

3．电力线通信系统的标准

在欧洲标准 CENELEC EN50065 中定义的供电网络中，使用电力线通信的频率范围是 9～140 kHz，如表 2-1 所示。CENELEC 标准与美国和日本的有关标准有着明显的不同。美国和日本有关标准定义的 PLC 应用的频率范围可以到 500 kHz。

表 2-1　CENELEC 所规定的电力线通信的频率范围

频　带	频率范围/kHz	最大传输幅度/V	用　户　类　型
A	9～95	10	电力设施
B	95～125	1.2	家庭
C	125～140	1.2	家庭

CENELEC 规范能够提供最高为几千比特每秒的数据传输速率，能够支持某些计量功能（如对一个电力网络的负荷进行管理和远端抄表）、极低数据传输速率的传输和若干路语音通道。但为了支持现代通信网络的各种应用，PLC 系统必须能够提供超过 2 Mbit/s 的数据传输速率。只有满足这个基本要求，PLC 网络才有可能与其他技术进行竞争。为了提供更高的数据传输速率，PLC 传输系统必须工作在最高频率为 30 MHz 的范围内。

4．电力线通信系统的网络特性

一方面，PLC 网络是以低压配电网络作为传输介质的。低压网络的特点由该网络的拓扑结构和其用作通信传输介质的特性共同决定。另一方面，PLC 接入网会像天线一样产生电磁辐射，从而干扰工作于 2～30 MHz 频率范围内的其他通信业务。因此，PLC 系统所允许传输的信号功率受到限制，这使得它对干扰非常敏感。PLC 系统受到的干扰有的来自低压配电网络周围环境，还有的来自低压配电网络自身。

PLC 接入网的拓扑特性由作为传输介质的低压配电网络的拓扑特性决定。然而，PLC 接入网可以采用不同的方式实现，如将基站旋转于网络的不同位置、采用不同的网络分隔方式等，这样它的运行方式也将有所不同。

低压网络拓扑结构复杂，网络之间有很大的不同。这些不同之处来源于网络的参数值，如用户密度、用户行为以及连接的电器等。低压配电网也包括室内部分，物理上呈树型拓扑结构。但是在逻辑上，PLC 接入网可以当作总线网络，使用共享传输介质。

2.3.2 电力线通信系统工程布线

电力线通信系统（PLC）通过利用传输电流的电力线作为通信载体，相比传统的通信网络，最大的优势在于不需要额外布线，从而降低了成本。因此，电力线通信系统的布线即为传统的有线电力系统的布线。具体布线的设计规范及施工技术如下。

1. 线缆的选用

PLC 网络的有线传输线缆主要采用铜芯线和铝芯线，在家用的电力线系统中，一般采用 RV 线缆（铜芯聚氯乙烯绝缘软线）、RVV 线缆（铜芯聚氯乙烯绝缘聚氯乙烯护套软线）、BV 线缆（单芯铜芯聚氯乙烯绝缘硬线）、BVV 线缆（铜芯聚氯乙烯绝缘聚氯乙烯护套圆型护套线）等。

导线的安全载流量关系着供电可靠性，导线截面积选择的正确与否关系着线路的安全，能否有效避免事故。这就需要查找电工手册和有关书籍，通过计算确定负荷电流后，进行查表得出导线的截面积。

2. 线缆的连接

1）直接相连

线缆常用的连接方法有绞合连接、紧压连接、焊接等。连接前应小心地剥除导线连接部位的绝缘层，注意不可损伤芯线。

2）通过端子相连

线缆可以通过接线柱进行连接，接线柱是最基本的接头，其性能最为可靠；也可以通过栅板式接线端子（又称接线端子排）连接，端子是机电系统内分部件和控制用永久接线的首先接线配件。

3. PLC 布线方法

1）设计原则

PLC 布线应根据线路要求、负载类型、场所环境等具体情况，设计相应的布线方案，采用适合的布线方式和方法，一般应遵循以下原则。

（1）选用符合电气性能和机械性能要求的导线。

（2）尽量避免布线中的接头。

（3）布线应牢固、美观。

室内电力线的线路敷设方式有明线敷设和暗线敷设两种。采用明线敷设时，导线沿建筑物或构筑物的墙壁、天花板、行架和梁柱等表面敷设；采用暗线敷设时，导线在地面、楼板、顶棚和墙壁泥灰层下面敷设。

2）施工安装要求

在 PLC 布线时，电力线路的安装一般要遵循以下要求。

　　（1）室内强、弱电布线均应穿管敷设，严禁将导线直接敷设在墙里、抹灰层中、吊顶及护墙板内。采用单股铜芯导线，PVC 电线管壁厚度不小于 1.2 m。

　　（2）导线穿墙敷设时，要用瓷管或硬质塑料管保护，管内两端出线口伸出墙面的距离应不小于 10 m。

　　（3）为了确保安全用电，室内线路与各种工艺管道之间的最小距离要符合相关技术规范。

　　（4）线路安装时要美观，明配敷设时，要求配线横平竖直、排列整齐、支持物挡距均匀、位置适宜，并应尽可能沿建筑物平顶线脚、横梁、墙角等隐蔽处敷设。

　　（5）通电试验，全面验收。

　　3）施工主要工序

　　（1）根据图样确定导线敷设的路径和敷设高度，并在建筑物上画出走向色线。在土建抹灰前，将全部的固定点打孔，埋好支持件。

　　（2）先装设绝缘支持物、线夹、支架和保护管，再敷设导线。做好导线连接、分支和封端剥线，并将电气出线端子与电气设备连接。

　　（3）检验线路安全质量，检查线路外观，测量线路绝缘电阻是否符合要求，有无断路和短路。

子任务 2.4　智能楼宇（智能建筑）简介

2.4.1　智能建筑的定义及组成

　　智能建筑因其发展历史较短，目前尚无完全统一的概念。我国建设部发布的《智能建筑设计标准》（GB/T 50314—2006）对智能建筑的定义是：“以建筑物为平台，兼备信息设施系统、信息化应用系统、建筑设备管理系统、公共安全系统等，集结构、系统、服务、管理及其优化组合为一体，向人们提供安全、高效、便捷、节能、环保、健康的建筑环境。”智能建筑是一个动态发展的概念，随着建筑技术的发展，随着计算机技术、通信技术和控制技术的发展和相互渗透，智能建筑的内涵和技术内容还将日益丰富并继续发展下去。

　　智能建筑的基本组成就是为了实现智能建筑中提出的安全、高效、舒适、便利的建筑环境。这就需要建筑物有一定的建筑环境并配置智能化系统。其建筑环境一方面要适应时代主题，另一方面还要满足智能化建筑特殊功能的要求，以适应建筑智能化的动态发展。

　　智能建筑主要分为三大系统，分别是办公自动化系统（Office Automation System，OAS，包括管理型办公自动化系统、事务型办公自动化系统、决策型办公自动化系统）、楼宇自动化系统（Building Automation System，BAS，包括防灾与安保系统、能源环境管理系统、电力供应管理系统、物业管理服务系统）和信息通信系统（Communication Automation System，CAS，包括结构化综合布线系统、计算机网络系统）。这三大系统之间通过一定的技术手段可以使各系统之间信息和资源实现共享，使建筑内部资源能够得到合理的运用，这种技术手段一般称为智能化系统集成。智能化系统集成主要由系统集成中心、设备管理自动化系统、信息通信系统、办公自动化系统、防火自动化系统、安全保卫自动化系统以及结构化综合布线系统构成。

2.4.2　智能建筑的发展历史和发展趋势

智能建筑的理念符合可持续发展的理念。由于我国能源消耗非常大，环境污染越来越严重，这就使得我们国家的智能建筑与其他国家的智能建筑有一定的区别，我们国家更加注重的是智能建筑的能耗问题，关注建筑是否节能，追求高效和低碳的绿色建筑。随着我国经济的发展和社会的进步，智能建筑将会在我国将来的城市化建设中起着举足轻重的作用。智能建筑是未来建筑发展的必然趋势，智能化也将成为建筑的硬性需求，从而成为建筑的一个重要的组成部分。随着智能建筑的不断发展，新的产品和新的技术也将会被运用到智能建筑中去，为我们冰冷的建筑赋予新的温暖的元素。

智能建筑的产生有着历史的必然性，随着社会的进步和人们生活水平的提高，传统的建筑已无法满足人们对建筑的舒适性、便利性、安全性以及信息交互等要求，在这种背景下，智能建筑应运而生。智能建筑及节能行业强调用户体验，具有内生发展动力。建筑智能化提高了人们的工作效率，提升了建筑适用性和降低了使用成本。

我国每年都新建大量的建筑，平均每年有20亿平方米左右的新建建筑，而且这一趋势还将继续发展很长一段时间。随着我国城市化建设的不断推进，将给智能建筑的发展提供宝贵的机遇。

任务 3

配线端接技术

子任务 3.1　网线制作

3.1.1　任务分析

在计算机和设备、交换机和设备等之间都需要有一根双绞线跳线来连接，否则设备就无法连接使用。这根线就是网线。网线分为两种：直连线（或直通线）和交叉线。直连线是网线两端均采用 T568A 的线序或两端均采用 T568B 的线序；交叉线是网线的一端采用 T568A 的线序，另一端采用 T568B 的线序，如图 3-1 所示。

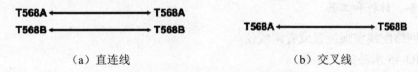

（a）直连线　　　　　　　　　　　　（b）交叉线

图3-1　直连线和交叉线

T568A 的线序为白绿、绿、白橙、蓝、白蓝、橙、白棕、棕。

T568B 的线序为白橙、橙、白绿、蓝、白蓝、绿、白棕、棕。

那么，直连线与交叉线分别用在什么场合呢？简单列举如表 3-1 所示的直连线与交叉线使用场合。

表 3-1　直连线与交叉线使用场合

序　号	常用直连线使用场合	常用交叉线使用场合
1	PC—集线器（Hub）	PC—PC（机对机）
2	集线器（Hub）—集线器（Hub）（普通口一级联口）	集线器（Hub）—集线器（Hub）（普通口）

续表

序　号	常用直连线使用场合	常用交叉线使用场合
3	集线器（Hub）（级联口）—交换机（Switch）	集线器（Hub）—集线器（Hub）（级联口—级联口）
4	交换机（Switch）—路由器（Router）	集线器（Hub）—交换机（Switch）
5		交换机（Switch）—交换机（Switch）
6		路由器（Route）—路由器（Router）

📖 注意：同种设备相连用交叉线，不同设备相连用直连线。PC 到 PC 只能用交叉线，PC 到网络设备只能用直连线。但目前随着设备适应技术的提高，很多场合下直连线与交叉线已不再区别十分清晰。

1．任务目的

（1）掌握 RJ-45 水晶头和网络跳线的制作方法和技巧。

（2）掌握网线的色谱 T568B 和 T568A 线序。

（3）掌握剥线方法、预留长度和压接顺序。

（4）掌握各种 RJ-45 水晶头和网络跳线的测试方法。

（5）掌握网络线压接常用工具和操作技巧。

2．任务要求

（1）完成网络线的两端剥线，不允许损伤线缆铜芯，长度合适。

（2）完成网络跳线制作实训，直连线、交叉线各一。

（3）要求压接方法正确，每次压接成功，压接线序检测正确，正确率 100%。

3．设备、材料和工具

（1）网络配线实训装置或者测线仪。

（2）RJ-45 水晶头、网线。

（3）1 把剥线器、1 把压线钳、1 个钢卷尺。

3.1.2　相关知识

RJ-45 水晶头的端接原理为：利用压线钳的机械压力使 RJ-45 头中的刀片首先压破线芯绝缘护套，然后再压入铜线芯中，实现刀片与线芯的电气连接。每个 RJ-45 头中有 8 个刀片，每个刀片与 1 个线芯连接。

3.1.3　任务实施

1．RJ-45 水晶头端接方法

剥开外绝缘护套—拆开 4 对双绞线—拆剥开单绞线—排好 8 根线线序—剪齐线端—插

34

入 RJ-45 水晶头—压接—测试。

2. RJ-45 水晶头端接步骤

1）剥开外绝缘护套

网络双绞线剥线基本方法：在剥护套过程中不能对线芯的绝缘护套或者线芯造成损伤或者破坏，如图 3-2 所示。特别注意不能损伤 8 根线芯的绝缘层，更不能损伤任何一根铜线芯，如图 3-3 所示。

图3-2　使用剥线工具剥线　　　　图3-3　剥开外绝缘护套

2）拆开 4 对双绞线

将端头已经剥去外皮的双绞线按照对应颜色拆开成为 4 对单绞线，如图 3-4 所示。拆开 4 对单绞线时，必须按照绞绕顺序慢慢拆开，同时保护 2 根单绞线不被拆开和保持比较大的曲率半径。不能强行拆散或者硬折线对，形成比较小的曲率半径，如图 3-5 所示。

图3-4　拆开4对单绞线　　　　图3-5　较大曲率半径线对

3）拆剥开单绞线

将 4 对单绞线分别拆开。制作 RJ-45 水晶头时注意，双绞线的接头处拆开线段的长度不应超过 20 mm，压接好水晶头后拆开线芯长度必须小于 14 mm，过长会引起较大的近端串扰。

4）排好 8 根线线序

T568A 线序为白绿、绿、白橙、蓝、白蓝、橙、白棕、棕。

T568B 线序为白橙、橙、白绿、蓝、白蓝、绿、白棕、棕。

直连线制作：两端线序均为 T568B。交叉线制作：一端线序为 T568B，另一端线序为 T568A。如图 3-6 所示为剥开排好的双绞线。

5）剪齐线端

先将已经剥去绝缘护套的 4 对单绞线分别拆开相同长度，并将每根线轻轻捋直，同时按照 T568B 线序（白橙、橙、白绿、蓝、白蓝、绿、白棕、棕）水平排好；然后将 8 根线端头一次剪掉，留 14 mm 长度，从线头开始，至少 10 mm 导线之间不应有交叉。图 3-7 所示为剪齐的双绞线。

图3-6 剥开排好的双绞线

图3-7 剪齐的双绞线

6）插入 RJ-45 水晶头

将双绞线插入 RJ-45 水晶头内，如图 3-8 所示。注意一定要插到底，如图 3-9 所示。

图3-8 导线插入RJ-45插头

图3-9 双绞线全部插入水晶头

7）压接

利用压线钳的机械压力使 RJ-45 头中的刀片首先压破线芯绝缘护套，然后再压入铜线芯中，实现刀片与线芯的电气连接。每个 RJ-45 头中有 8 个刀片，每个刀片与 1 个线芯连接。注意观察压接后 8 个刀片比压接前低。图 3-10 和图 3-11 所示分别为 RJ-45 头刀片压线前和 RJ-45 头刀片压线后的对比。

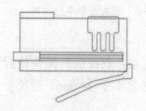

图3-10 RJ-45头刀片压线前

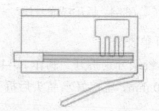

图3-11 RJ-45头刀片压线后

8）测试

网络跳线测试时把跳线两端的 RJ-45 头分别插入测试仪上下对应的插口中，观察测试仪指示灯的闪烁顺序，如图 3-12 所示。另外，也可以使用图 3-13 所示的能手测线仪进行测试。如果有一芯或者多芯没有压接到位时，对应的指示灯不亮。如果有一芯或者多芯线序错误时，对应的指示灯将显示错误的线序。

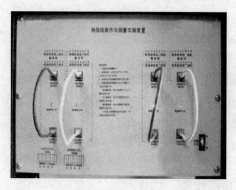

图3-12　跳线测试

图3-13　能手测线仪

3．注意事项

（1）剥线时，不可太深、太用力，否则容易把网线弄断。

（2）一定要把每根网线捋直，排列整齐。

（3）把网线插入水晶头时，8根线头每一根都要紧紧地顶到水晶头的末端，否则可能不通。

（4）捋线时，不要太用力，以免将网线拗断。

子任务 3.2　机柜安装及网络模块端接

为了使安装在机柜内的模块化配线架和网络交换机美观大方且方便管理，必须对机柜内设备的安装进行规划，具体遵循以下原则。

（1）一般配线架安装在机柜下部，交换机安装在其上方。

（2）每个配线架之间安装有一个理线架，每个交换机之间也要安装理线架。

（3）正面的跳线从配线架中出来全部要放入理线架内，然后从机柜侧面绕到上部的交换机间的理线器中，再接插进入交换机端口。

一般网络机柜的安装尺寸执行中国《通信设备用综合集装架》YD/T 1819—2016标准。网络模块端接是配线端接的基础。

3.2.1　任务分析

1．任务目的

（1）了解网络机柜与设备的安装。

（2）掌握网线的色谱、剥线方法、预留长度和压接顺序。

（3）掌握通信配线架模块的端接原理和方法、常见端接故障的排除。

（4）掌握常用工具和操作技巧。

2. 任务要求

（1）完成机柜及机柜内设备的安装。

（2）完成 6 根网线的两端剥线，不允许损伤线缆铜芯，长度合适。

（3）完成 6 根网线的两端端接，共端接 96 芯线，端接正确率 100%。

（4）排除端接中出现的开路、短路、跨接、反接等常见故障。

3. 设备、材料和工具

（1）网络机柜、理线器、配线架、110 通信跳线架。

（2）网线若干。

（3）1 把剥线器、1 把打线钳、1 个钢卷尺。

3.2.2　相关知识

1. 网络机柜安装

根据设备的安装进行，一般网络线缆进入机柜内直接将线缆按照顺序压接到网络配线架上，然后从网络配线架上做跳线与网络交换机连接。图 3-14 和图 3-15 所示分别为网络机柜的安装尺寸和机柜内配线架安装实物。

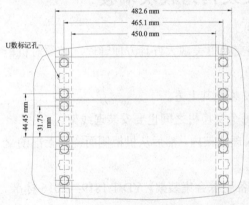

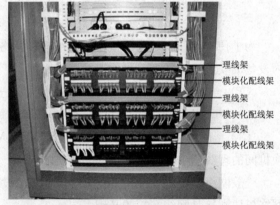

图3-14　网络机柜的安装尺寸　　　　　图3-15　机柜内配线架安装实物

一般来说，机柜内设备交换机、配线架、理线架等规格都是 1U。U 是一种表示服务器或设备外部尺寸的单位，U 是 Unit 的缩略语。1U 就是 4.445 cm。

2. 网络模块端接

1）网络模块刀片端接原理

利用压线钳的压力将 8 根线逐一压接到模块的 8 个接线口，同时裁剪掉多余的线头。在压接过程中，刀片首先快速划破线芯绝缘护套，与铜线芯紧密接触实现刀片与线芯的电气连接，这 8 个刀片通过电路板与 RJ-45 口的 8 个弹簧连接。图 3-16 为模块刀片压线前位置图，图 3-17 为模块刀片压线后位置图。

线缆

图3-16　模块刀片压线前位置　　　图3-17　模块刀片压线后位置

2）5 对连接块端接原理

通信配线架一般使用 5 对连接块，5 对连接块中间有 5 个双头刀片，如图 3-18 所示为模块压线前结构。每个刀片两头分别压接一根线芯，实现两根线芯的电气连接。

5 对连接块上层端接与模块原理相同。将线逐一放到上部对应的端接口，在压接过程中，刀片首先快速划破线芯绝缘护套，然后与铜线芯紧密接触实现刀片与线芯的电气连接，这样 5 对连接块刀片两端、中间都压好线，实现了两根线的可靠电气连接，同时裁剪掉多余的线头，如图 3-19 所示为模块压线后结构。

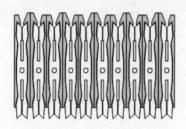

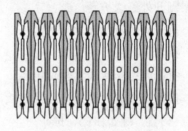

图3-18　模块压线前结构　　　　　图3-19　模块压线后结构

3. 端接方法

1）对连接块下层端接方法

（1）剥开外绝缘护套。

（2）剥开 4 对双绞线。

（3）剥开单绞线。

（4）按照线序放入端接口。

（5）将 5 对连接块压紧并且裁线。

2）对连接块上层端接方法

（1）剥开外绝缘护套。

（2）剥开 4 对双绞线。

（3）剥开单绞线。

（4）按照线序放入端接口。

（5）压接和剪线。

（6）盖好防尘帽。

3.2.3 任务实施

1. 网络机柜安装

（1）设计网络机柜施工安装图。用 Visio 软件设计机柜设备安装位置图。

（2）器材和工具准备。把设备开箱，按照装箱单检查数量和规格。

（3）机柜安装。按照开放式机柜的安装图纸把底座、立柱、帽子、电源等进行装配，保证立柱安装垂直，牢固。

（4）设备安装。按照第一步设计的施工图纸安装全部设备，保证每台设备位置正确、左右整齐和平直。

（5）检查和通电。设备安装完毕后，按照施工图纸仔细检查，确认全部符合施工图纸后接通电源测试。

2. 网络模块端接

（1）实训材料和工具准备，取出网线。

（2）剥开外绝缘护套。

（3）拆开 4 对双绞线。

（4）拆开单绞线。

（5）打开网络压接线实验仪电源。

（6）按照线序放入端接口并且端接。端接顺序按照 T568B 从左到右依次为白橙、橙、白绿、蓝、白蓝、绿、白棕、棕。

（7）另一端端接。

（8）故障模拟和排除。

（9）重复以上操作，完成全部 6 根网线的端接，如图 3-20 所示。

压接完线芯，对应指示灯不亮，而有错位的指示灯亮时，表明上下两排中有 1 芯线序压错位，必须拆除错位的线芯，重复在正确位置压接，直到对应的指示灯亮，如图 3-21 所示。

图3-20　模块端接

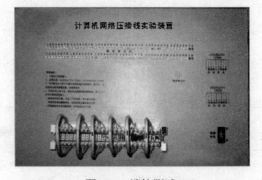

图3-21　端接测试

3. 注意事项

（1）写出网络线 8 芯色谱和 T568B 端接线顺序。

（2）写出模块端接原理。

（3）写出压线钳操作注意事项。

子任务 3.3 RJ-45 网络配线架端接

综合布线配线端接技术是连接网络设备和综合布线系统的关键施工技术，涉及网络跳线的制作、网络模块和配线架等的端接和安装、网络设备的配线连接等，这也是网络工程施工和维护的基本操作技能，应熟练掌握综合布线工程配线端接技术。

按照《综合布线系统工程设计规范》（GB 50311—2016）和《综合布线系统工程验收规范》（GB 50312—2016）两个国家标准的规定，对于永久链路需要进行 11 项技术指标测试。除了上面提到的线序正确和可靠电气接触直接影响永久链路测试指标外，还有网线外皮剥离长度、拆散双绞长度、拉力、曲率半径等也直接影响永久链路技术指标，特别在六类、七类综合布线系统工程施工中，配线端接技术是非常重要的。

3.3.1 任务分析

配线端接技术直接影响网络系统的传输速度、传输速率、稳定性和可靠性，也直接决定综合布线系统永久链路和信道链路的测试结果。

一般每个信息点的网络线从设备跳线→墙面模块→楼层机柜通信配线架→网络配线架→交换机连接跳线→交换机级联线等需要平均端接 10～12 次，每次端接 8 个芯线，因此在工程技术施工中，每个信息点大约平均需要端接 80 芯或者 96 芯，因此熟练掌握配线端接技术非常重要。

如果进行 1000 个信息点的小型综合布线系统工程施工，按照每个信息点平均端接 12 次计算，该工程总共需要端接 12 000 次，端接线芯 96 000 次。如果操作人员端接线芯的线序和接触不良错误率按照 1%计算，将会有 960 个线芯出现端接错误，假如这些错误平均出现在不同的信息点或者永久链路，其结果是这个项目可能有 960 个信息点出现链路不通。这样一来，这个 1000 个信息点的综合布线工程竣工后，仅仅链路不通这一项错误将高达 96%，同时各个永久链路的这些线序或者接触不良错误很难及时发现和维修，往往需要花费几倍的时间和成本才能解决，造成非常大的经济损失，严重时直接导致该综合布线系统无法验收和正常使用。

按照《综合布线系统工程设计规范》（GB 50311—2016）和《综合布线系统工程验收规范》（GB 50312—2016）两个国家标准的规定，对于永久链路需要进行 11 项技术指标测试。

1. 任务目的

（1）熟练掌握 RJ-45 网络配线架模块端接方法。

（2）掌握通信跳线架模块端接原理和方法。

（3）掌握常用工具和操作技巧。

2．任务要求

（1）完成 6 根网线的端接，一端与 RJ-45 水晶头端接，另一端与通信配线架模块的端接。

（2）完成 6 根网线的端接，一端与 RJ-45 网络配线架模块端接，另一端与通信跳线架模块端接。

（3）排除端接中出现的开路、短路、跨接、反接等常见故障。

3．设备、材料和工具

（1）网络配线实训装置。

（2）12 根 500 mm 网线、6 个 RJ-45 水晶头。

（3）1 把剥线器、1 把打线钳、1 个钢卷尺。

3.3.2 相关知识

1．配线端接技术原理

因为每根双绞线有 8 芯，每芯都有外绝缘层，如果像电气工程那样将每芯线剥开外绝缘层直接拧接或者焊接在一起时，不仅工程量大，而且将严重破坏双绞节距，因此在网络施工中坚决不能采取电工式接线方法。

综合布线系统配线端接的基本原理是将线芯用机械力量压入两个刀片中，在压入过程中刀片将绝缘护套划破与铜线芯紧密接触，同时金属刀片的弹性将铜线芯长期夹紧，从而实现长期稳定的电气连接。图 3-22 所示为使用 110 压线工具将线对压入线槽内。

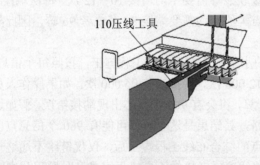

110压线工具

图3-22　使用110压线工具将线对压入线槽内

2．配线设备

配线架是管理子系统中最重要的组件，是实现垂直干线和水平布线两个子系统交叉连接的枢纽。配线架通常安装在机柜或墙上。通过安装附件，配线架可以全线满足 UTP（非屏蔽双绞线）、STP（屏蔽双绞线）、同轴电缆、光纤、音视频的需要。在网络工程中常用的配线架有双绞线配线架和光纤配线架。图 3-23 所示为 1U 配线架前、后面板，图 3-24 所示为 2U 配线架前面板。

图3-23 1U配线架前、后面板　　　　图3-24 2U配线架前面板

配线架的定位是在局端对前端信息点进行管理的模块化的设备。前端的信息点线缆（超五类或者六类线）进入设备间后首先进入配线架，将线打在配线架的模块上，然后用跳线RJ-45 接口连接配线架与交换机。总体来说，配线架是用来管理的设备，例如，如果没有配线架，前端的信息点将直接接入交换机上，线缆一旦出现问题，就要重新布线。此外，管理上也比较混乱，多次插拔可能引起交换机端口的损坏。配线架的存在就解决了这个问题，可以通过更换跳线来实现较好的管理。

3.3.3　任务实施

（1）取出两根网线，打开压接线实验仪电源。

（2）完成第一根网线端接。网线一端与 RJ-45 水晶头端接，另一端与通信跳线架模块端接，如图 3-25 所示。

（3）完成第二根网线端接，形成链路。把网线一端与配线架模块端接，另一端与通信跳线架模块端接，这样就形成了一个网络链路，对应指示灯直观显示线序。

（4）在端接过程中，仔细观察指示灯，如图 3-26 所示，及时排除端接中出现的开路、短路、跨接、反接等常见故障。

（5）重复以上步骤完成其余网线的端接，如图 3-27 所示。

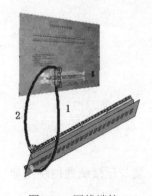　　

图3-25 网线端接　　　　图3-26 观察指示灯　　　　图3-27 网线全部端接

📖注意：（1）T568A 和 T568B 端接线顺序。
　　　　（2）网络配线架模块端接线的原理。
　　　　（3）网络配线架模块端接方法和注意事项。

子任务 3.4 110 通信跳线架端接

3.4.1 任务分析

1. 任务目的

（1）掌握压接线方法。

（2）掌握网络配线架模块端接方法。

（3）熟练掌握通信跳线架模块端接方法。

（4）掌握常用工具和操作技巧。

2. 任务要求

（1）完成6根网线端接，一端与RJ-45水晶头端接，另一端与通信跳线架模块端接。

（2）完成6根网线端接，一端与网络配线架模块端接，另一端与通信跳线架模块下层端接。

（3）完成6根网线端接，两端与两个通信跳线架模块上层端接。

（4）排除端接中出现的开路、短路、跨接、反接等常见故障。

3. 设备、材料和工具

（1）压接线实验仪、RJ-45配线架、110通信跳线架。

（2）1个实训材料包、18根500 mm网线、6个RJ-45水晶头。

（3）1把剥线器、1把打线钳、1个钢卷尺。

3.4.2 相关知识

同3.2.2和3.3.2。

3.4.3 任务实施

1. 压接线实验仪+RJ-45配线架+110通信跳线架端接

（1）取出网线，打开压接线实验仪电源。

（2）完成第一根网线端接。把一端与RJ-45水晶头端接，另一端与压接线通信跳线架模块端接。

（3）完成第二根网线端接。把一端与网络配线架模块端接，另一端与110通信跳线架模块下层端接。

（4）完成第三根网线端接。把两端分别与压接线通信跳线架模块的上层、110通信跳线架外5对连接块端接，这样就形成了一个有6次端接的网络链路，对应的指示灯直观显示线序，如图 3-28 所示。

（5）在端接过程中，仔细观察指示灯，如图 3-29 所示，及时排除端接中出现的开路、短路、跨接、反接等常见故障。

（6）重复第一步至第五步完成其余网线端接，如图 3-30 所示。

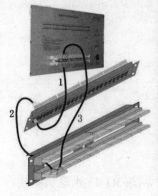 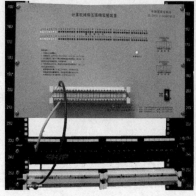 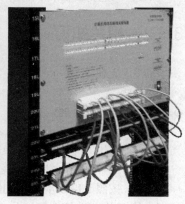

图3-28　端接链路　　　　　　图3-29　观察指示灯　　　　图3-30 完成其余网线端接

2. 注意事项

（1）通信跳线架模块端接线方法。

（2）网络配线架模块端接线方法。

（3）通信跳线架模块和网络配线架模块的端接经验。

子任务 3.5　基本永久链路

3.5.1　任务分析

1. 任务目的

（1）掌握网络基本永久链路设计与端接方法。

（2）掌握网络跳线制作方法和技巧。

（3）掌握网络配线架的端接方法。

（4）熟练掌握网络端接常用工具和操作技巧。

2. 任务要求

（1）完成 4 根网络跳线制作，一端插在测试仪 RJ-45 口中，另一端插在配线架 RJ-45 口中。

（2）完成 4 根网络线端接，一端与 RJ-45 水晶头端接，并且插在测试仪中，另一端与网络配线架模块端接。

（3）完成 4 个网络链路，每个链路端接 4 次 32 线芯，端接正确率 100%。

3．设备、材料和工具

（1）网络配线实训装置、跳线测试仪。

（2）12 个 RJ-45 水晶头、8 根 500 mm 网线。

（3）1 把剥线器、1 把压线钳、1 把打线钳、1 个钢卷尺。

3.5.2　相关知识

同 3.1.2 和 3.3.2。

3.5.3　任务实施

（1）取出 3 个 RJ-45 水晶头、2 根网线。

（2）打开网络配线实训装置上的网络跳线测试仪电源。

（3）按照 RJ-45 水晶头的制作方法，制作第一根网络跳线。两端 RJ-45 水晶头端接，测试合格后将一端插在测试仪 RJ-45 口中，另一端插在配线架 RJ-45 口中。

（4）把第二根网线一端首先按照 T568B 线序做好 RJ-45 水晶头，然后插在测试仪 RJ-45 口中。

（5）把第二根网线的另一端剥开，将 8 芯线拆开，按照 T568B 线序端接在网络配线架模块中，这样就形成了一个 4 次端接的永久链路，如图 3-31 所示。

（6）测试。压接好模块后，这时对应的 8 组 16 个指示灯依次闪烁，显示线序和电气连接情况，如图 3-32 所示。

（7）重复以上步骤，完成 4 个网络链路和测试，如图 3-33 所示。

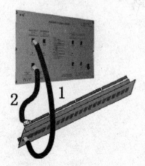
图3-31　永久链路端接

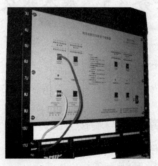
图3-32　测试

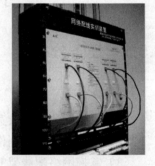
图3-33　完成4个网络链路

子任务 3.6　复杂永久链路

3.6.1　任务分析

1．任务目的

（1）设计复杂永久链路图。

（2）熟练掌握 110 通信跳线架和 RJ-45 网络配线架端接方法。

（3）掌握永久链路测试技术。

2．任务要求

（1）完成 4 根网络跳线制作。一端插在测试仪 RJ-45 口中，另一端插在配线架 RJ-45 口中。

（2）完成 4 根网线端接。一端与配线架模块相连，另一端与 110 通信跳线架连接块下层端接。

（3）完成其余 4 根网线端接。一端与 RJ-45 水晶头端接并且插在测试仪中，另一端与 110 通信跳线架连接块上层端接。

（4）完成 4 个网络永久链路。每个链路端接 6 次 48 芯线，端接正确率 100%。

3．设备、材料和工具

（1）网络配线实训装置。

（2）12 个 RJ-45 水晶头、12 根 500 mm 网线。

（3）1 把剥线器、1 把压线钳、1 把打线钳、1 个钢卷尺。

3.6.2　相关知识

同 3.1.2、3.3.2 和 3.4.2。

3.6.3　任务实施

1．复杂永久链路实现

（1）准备材料和工具，打开电源开关。

（2）按照 RJ-45 水晶头的制作方法，制作第一根网络跳线。两端与 RJ-45 水晶头端接，测试合格后将一端插在测试仪下部的 RJ-45 口中，另一端插在配线架 RJ-45 口中。

（3）把第二根网线一端按照 T568B 线序与网络配线架模块端接，另一端与 110 通信跳线架下层端接，并且压接好 5 对连接块。

（4）把第三根网线一端与 RJ-45 水晶头端接，插在测试仪上部的 RJ-45 口中，另一端与 110 通信跳线架模块上层端接，端接时对应指示灯直观显示线序和电气连接情况。完成上述步骤后就形成了有 6 次端接的一个永久链路，如图 3-34 所示。

（5）测试。压接好模块后，这时对应的 8 组 16 个指示灯依次闪烁，显示线序和电气连接情况，如图 3-35 所示。

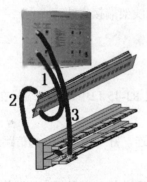

图3-34　6次端接的一个永久链路

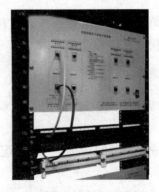

图3-35　测试指示灯

（6）重复以上步骤，完成 4 个复杂永久链路的端接和测试，如图 3-36 所示。

（7）永久链路技术指标。

把永久链路的两个 RJ-45 插头插入专业的网络测试仪器，就能够直接测量出这个链路的各项技术指标了。GB 50311 中规定的永久链路 11 项技术参数为：① 最小回波损耗值；② 最大插入损耗值；③ 最小近端串音值；④ 最小近端串音功率；⑤ 最小 ACR 值；⑥ 最小 PS ACR 值；⑦ 最小等电平远端串音值；⑧ 最小 PS ELFEXT 值；⑨ 最大直流环路电阻；⑩ 最大传播时延；– 最大传播时延偏差。

按照图 3-37 所示的路由和端接位置，在网络配线实训装置上完成 4 组测试链路布线和端接。每组链路有 3 根跳线，端接 6 次。

图3-36　完成4个复杂永久链路

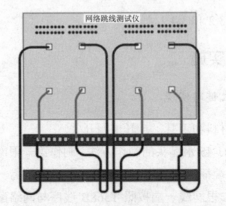

图3-37　测试链路端接路由示意图

每组链路的路由为：仪器 RJ-45 口→配线架 RJ-45 口→配线架网络模块→通信跳线架模（上排）下层→通信跳线架模块（上排）上层→仪器 RJ-45 口。要求链路端接正确，每段跳线长度合适，端接处拆开线对长度合适，剪掉牵引线。

2．注意事项

（1）设计 1 个复杂永久链路图。

（2）永久链路的端接和施工技术。

（3）网络链路端接的种类和方法。

3. 其他复杂链路端接

按照图 3-38 所示的路由和端接位置，在网络配线实训装置上，完成 6 组复杂链路布线和端接，每组链路有 3 根跳线，端接 6 次。

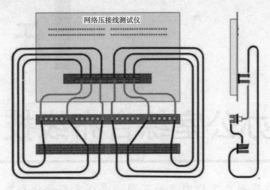

图3-38　复杂链路端接路由示意图

每组链路的路由为：仪器面板网络模块（下排）→配线架 RJ-45 口→配线架网络模块→通信跳线架模块（上排）下层→通信跳线架模块（上排）上层→仪器面板网络模块（上排）。

要求链路端接正确，每段跳线长度合适，端接处拆开线对长度合适，剪掉牵引线。

4. 工程经验

1）在配线架打线之后一定要做好标记

在施工中，如果个别信息点在安装配线架打线完成后没有及时做标记，等开通网络时，端口怎么也对不上，工程师查了一遍之后才发现问题。这样不但延长了施工工期，而且还加大了工程的成本。

2）制作跳线不通

在制作跳线 RJ-45 头时往往会遇到制作好后有些芯不通，主要的原因有以下两点。

（1）网线线芯没有完全插到位。

（2）在压线时没有将水晶头压实。

3）打线方法要规范

有些施工工人在打线时，并不是按照 T568A 或者 T568B 的打线方法进行打线的，而是按照 1、2 线对打白色和橙色，3、4 线对打白色和绿色，5、6 线对打白色和蓝色，7、8 线对打白色和棕色，这样打线在施工的过程中是能够保证线路畅通的，但是它的线路指标却是很差的，特别是近端串扰指标特别差，会导致严重的信号泄漏，造成上网困难和间接性中断。因此，一定要提醒施工工人不要犯这样的错误。

办公室综合布线技术与施工

根据办公人员工作范围及工作内容的不同，办公室布局分为单人办公、多人办公、集体办公等多种情形。根据不同工作区需要，不同工作区综合布线的设计与施工技术也不同。

子任务 4.1　工作区信息点设计

4.1.1　任务分析

不同功能建筑信息点设计与安装各有需求。教学楼、学生公寓、实验楼、住宅楼等不需要进行二次区域分割的工作区，信息点宜设计在非承重的隔墙上，宜在设备使用位置或者附近。

写字楼、商业收银区、大厅等需要进行二次分割和装修的区域，宜在四周墙面设置信息点插座，也可以在中间的立柱上设置，要考虑二次隔断和装修时扩展的方便性和美观性。大厅、展厅、商业收银区在设备安装区域的地面宜设置足够的信息点插座。墙面插座底盒下缘距离地面高度为300 mm，地面插座底盒低于地面。

学生公寓等信息点密集的隔墙，宜在隔墙两面对称设置。

银行营业大厅的对公区、对私区和ATM（自动取款机）自助区信息点的设置要考虑隐蔽性和安全性，特别是离行式ATM机的信息点插座不能暴露在客户区。

指纹考勤机、门警系统信息点插座的高度宜参考设备的安装高度设置。

1. 任务目的

（1）通过工作区信息点数量统计表项目实训，掌握各种工作区信息点位置和数量的设计要点和统计方法。

（2）熟练掌握信息点数统计表的设计和应用方法。

（3）掌握项目概算方法。

（4）掌握训练工程数据表格的制作方法。

2．任务要求

（1）完成一个多功能智能化建筑网络综合布线系统工程信息点的设计。

（2）使用 Microsoft Excel 工作表软件完成点数统计表。

（3）完成工程概算。

实训模型一：一栋 18 层的建筑物可能会有这些用途，地下 2 层为空调机组等设备安装层，地下 1 层为停车场，1～2 层为商场，3～4 层为餐厅，5～10 层为写字楼，11～18 层为宾馆。给出可以进行点数统计表的必要条件，注意设置一些变化原因。

实训模型二：一栋 7 层研究大楼给出进行点数统计表的必要条件，注意设置一些变化原因。

实训模型三：学生比较熟悉的宿舍楼、教学楼或者实训楼。

3．设备及环境准备

（1）常规配置计算机。

（2）Excel 软件。

4.1.2　相关知识

1．工作区

工作区子系统是指从信息插座延伸到终端设备的整个区域，即一个独立的需要设置终端的区域划分为一个工作区。工作区域可支持电话机、数据终端、计算机、电视机、监视器以及传感器等终端设备。它包括信息插座、信息模块、网卡和连接所需的跳线，并在终端设备和输入/输出（I/O）之间搭接，相当于电话配线系统中连接话机的用户线及话机终端部分。典型的工作区子系统如图 4-1 所示。

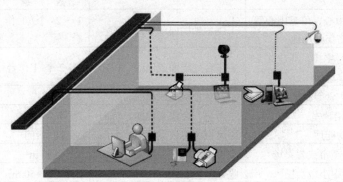

图4-1　工作区子系统

2．工作区的划分原则

按照 GB 50311 国家标准规定，工作区是一个独立的需要设置终端设备的区域。工作区应由配线（水平）布线系统的信息插座延伸到终端设备处的连接电缆及适配器组成。一个工作区的服务面积可按 5～10 m² 估算，也可按不同的应用环境调整面积的大小。

3. 工作区适配器的选用原则

适配器的选用应遵循以下原则。

（1）设备连接器采用不同于信息插座的连接器时，可用专用电缆及适配器。

（2）单一信息插座上进行两项服务时，可用"Y"形适配器。

（3）配线（水平）子系统中选用的电缆类别（介质）不同于设备所需的电缆类别（介质）时，宜采用适配器。

（4）连接使用不同信号的数模转换设备、光电转换设备及数据速率转换设备等装置时，宜采用适配器。

（5）为了特殊的应用而实现网络的兼容性时，可用转换适配器。

（6）根据工作区内不同的电信终端设备（例如 ADSL 终端）可配备相应的适配器。

4. 工作区设计要点

（1）工作区内线槽的敷设要合理、美观。

（2）信息插座设计在距离地面 30 cm 以上。

（3）信息插座与计算机设备的距离保持在 5 m 范围内。

（4）网卡接口类型要与线缆接口类型保持一致。

（5）所有工作区所需的信息模块、信息插座、面板的数量要准确。

5. 工作区信息点的配置原则

每个工作区信息点数量可按用户的性质、网络构成和需求来确定。在网络综合布线实际应用和设计中，一般按照表 4-1 中的面积或者区域配置来确定信息点数量。

表 4-1　常见工作区信息点的配置原则

工作区类型及功能	安 装 位 置	安 装 数 量	
		数 据	语 音
网管中心、呼叫中心、信息中心等终端设备，较为密集的场地	工作台处墙面或地面	1～2 个/工作台	2 个/工作台
集中办公区域的写字楼、开放式工作区等，人员密集场所	工作台处墙面或地面	1～2 个/工作台	2 个/工作台
董事长、经理、主管等独立办公室	工作台处墙面或地面	2 个/间	2 个/间
小型会议室/商务洽谈室	主席台、会议桌地面、台面	2～4 个/间	2 个/间
大型会议室，多功能厅	主席台、会议桌地面、台面	5～10 个/间	2 个/间
> 5000 m² 的大型超市或者卖场	收银和管理区	1 个/100 m²	1 个/100 m²
2000～3000 m² 的中小型卖场	收银和管理区	1 个/30～50 m²	1 个/30～50 m²
餐厅、商场等服务业	收银和管理区	1 个/50 m²	1 个/50 m²
宾馆标准间	床头或写字台或浴室	1 个/间，写字台	1～3 个/间
学生公寓（4 人间）	写字台处墙面	4 个/间	4 个/间
公寓管理室、门卫室	写字台处墙面	1 个/间	1 个/间
教学楼教室	讲台附近	1～2 个/间	1 个/间
住宅楼	书房	1 个/套	2～3 个/套

6. 工作区信息点点数统计表

工作区信息点点数统计表简称点数表，是设计和统计信息点数量的基本工具和手段。

初步设计的主要工作是完成点数统计表。初步设计的程序是在需求分析和技术交流的基础上，首先确定每个房间或者区域的信息点位置和数量，然后制作和填写点数统计表。点数统计表的做法是先按照楼层，然后按照房间或者区域逐层、逐房间地规划和设计网络数据、语音信息点数，再把每个房间规划的信息点数量填写到点数统计表对应的位置。每层填写完毕，就能够统计出该层的信息点数，全部楼层填写完毕，就能够统计出该建筑物的信息点数。

点数统计表能够一次性准确和清楚地表示和统计出建筑物的信息点数量。点数统计表的格式如表 4-2 所示。

表 4-2　建筑物网络综合布线信息点数量统计表

建筑物网络和语音信息点数统计表												
房间或者区域编号												
楼层编号	01		03		05		07		09		数据点数合计	语音点数合计	信息点数合计
	数据	语音	数据	语音	数据	语音	数据	语音	数据	语音			
18 层	3		1		2		3		3		12		
		2		1		2		3		2		10	
17 层	2		2		3		2		3		12		
		2		2		2		2		2		10	
16 层	5		3		5		5		6		24		
		4		3		4		5		4		20	
15 层	2		2		3		2		3		12		
		2		2		2		2		2		10	
合计											60		
												50	110

点数统计表的制作方法：利用 Microsoft Excel 工作表软件进行制作，一般常用的表格格式为房间按行表示、楼层按列表示。

第一行为设计项目或者对象的名称，第二行为房间或者区域编号，第三行为房间号，第四行为数据或者语音类别，其余行填写每个房间的数据或者语音点数量。为了清楚和方便统计，一般每个房间有两行，一行数据，一行语音。最后一行为合计数量。在点数表填写中，房间编号由小到大按照从左到右顺序填写。

第一列为楼层编号，填写对应的楼层编号，中间列为该楼层的房间号。为了清楚和方便统计，一般每个房间有两列，一列数据，一列语音。最后一列为合计数量。在点数表填写中，楼层编号由大到小按照从上往下顺序填写。

在填写点数统计表时，从楼层的第 1 个房间或者区域开始，逐间分析需求和划分工作区，确认信息点数和大概位置。在每个工作区首先确定网络数据信息点的数量，然后考虑电话语音信息点的数量，同时还要考虑其他控制设备的需要。例如，在门厅和重要办公室入口位置考虑设置指纹考勤机、门禁系统网络接口等。

7. 概算

在初步设计的最后要给出该项目的概算，这个概算是指整个综合布线系统工程的造价概算，当然也包括工作区子系统的造价。工程概算的计算公式如下：

工程造价概算=信息点数量×信息点的价格

按照表 4-2 点数表统计的 15～18 层网络数据信息点数量为 60 个，每个信息点的造价按照 200 元计算时，该工程分项造价概算=60×200=12 000 元。

按照表 4-2 点数表统计的 15～18 层语音信息点数量为 50 个，每个信息点的造价按照 100 元计算时，该工程分项造价概算=50×100=5000 元。

每个信息点的造价概算中应该包括材料费、工程费、运输费、管理费、税金等全部费用。材料中应该包括机柜、配线架、配线模块、跳线架、理线环、网线、模块、底盒、面板、桁架、线槽、线管等全部材料及配件。

4.1.3　任务实施

1. 任务步骤

（1）分析项目用途，归类。例如，教学楼、宿舍楼、办公楼等。

（2）工作区分类和编号。

（3）制作点数统计表。

（4）填写点数统计表。

（5）工程概算。

2. 注意事项

（1）完成信息点命名和编号。

（2）注意点数统计表制作方法，计算出全部信息点的数量和规格。

（3）完成工程概算。

（4）基本掌握 Microsoft Excel 工作表软件在工程技术中的应用。

（5）总结经验和方法。

子任务 4.2　单人办公室

4.2.1　任务分析

设计独立单人办公室信息点布局，单人办公室信息插座可以设计安装在墙面或地面两种，如图 4-2 所示。具体说明如下。

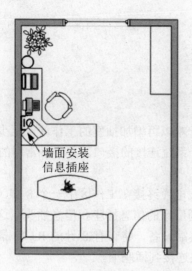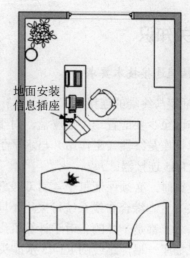

图4-2　单人办公室信息点设计

（1）设计单人办公室信息点时必须考虑有数据点和语音点。

（2）当办公桌设计靠墙摆放时，信息插座安装在墙面，中心垂直距地 300 mm。当办公桌摆放在中间时，信息插座使用地弹式地面插座，安装在地面。

（3）办公室内的安装设备有计算机、传真、打印机等。

1．任务目的

（1）通过设计单人办公区、工作区信息点的位置和数量，熟练掌握单人办公区及工作区子系统的设计和点数统计表。

（2）通过信息点插座的安装，熟练掌握单人办公区信息点的施工方法。

（3）通过核算、列表、领取材料和工具，训练规范施工的能力。

2．任务要求

（1）设计一种单人办公室信息点的位置和数量，并且绘制施工图。

（2）按照设计图，核算实训材料规格和数量，掌握工程材料核算方法，列出材料清单。

（3）按照设计图，准备实训工具，列出实训工具清单。

（4）独立领取实训材料和工具。

（5）独立完成单人办公区信息点的安装。

3．材料和工具

（1）RJ-45 网络模块+RJ-11 电话模块若干。

（2）86 系列明装塑料底盒和螺丝若干。

（3）单口面板、双口面板与螺丝若干。

（4）网络双绞线若干。

（5）十字头螺丝刀，长度 150 mm，用于固定螺丝，一般每人 1 个。

（6）压线钳，用于压接 RJ-45 网络模块和电话模块，一般每人 1 个。

4.2.2 相关知识

1. 信息插座连接技术要求

1）信息插座与终端的连接形式

每个工作区至少要配置一个插座盒。对于难以再增加插座的工作区，至少要安装两个插座盒。信息插座是终端（工作站）与水平子系统连接的接口。其中最常用的为 RJ-45 信息插座，即 RJ-45 连接器。

在实际设计时，必须保证每个 4 对双绞线电缆终接在工作区中一个 8 脚（针）的模块化插座（插头）上。综合布线系统可采用不同厂家的信息插座和信息插头。这些信息插座和信息插头基本上都是一样的。对于计算机终端设备，将带有 8 针的 RJ-45 插头跳线插入网卡；在信息插座一端，跳线的 RJ-45 水晶头连接到插座上。

虽然适配器和设备可用在几乎所有的场合，以适应各种需求，但在做出设计承诺前，必须仔细考虑将要集成的设备类型和传输信息类型。在做出上述决定时必须考虑以下 3 个因素。

（1）各种设计选择方案在经济上的最佳折中。

（2）系统管理的一些比较难以捉摸的因素。

（3）在布线系统寿命期间移动和重新布置所产生的影响。

2）信息插座与连接器的接法

对于 RJ-45 连接器与 RJ-45 信息插座，与 4 对双绞线的接法主要有两种：一种是 T568A 标准，另一种是 T568B 标准。

2. 工作区子系统的设计步骤

工作区子系统设计的步骤一般为：首先与用户进行充分的技术交流，了解建筑物用途；其次认真阅读建筑物设计图纸，进行初步规划和设计；最后进行概算和预算。

一般工作流程如下：需求分析→技术交流→阅读建筑物图纸和工作区编号→初步设计方案→概算→初步设计方案确认→正式设计→预算。

1）需求分析

需求分析是综合布线系统设计的首要工作，对后续工作的顺利开展是非常重要的，也直接影响最终工程造价。需求分析主要掌握用户的当前用途和未来扩展需要，目的是把设计对象归类，按照写字楼、宾馆、综合办公室、生产车间、会议室、商场等类别进行归类，为后续设计确定方向和重点。

需求分析首先从整栋建筑物的用途开始，然后按照楼层进行分析，最后再到楼层的各个工作区或者房间，逐步明确和确认每层和每个工作区的用途和功能，分析这个工作区的需求，规划工作区的信息点数量和位置。

现在的建筑物往往有多种用途和功能，例如，一栋 18 层的建筑物可能会有这些用途，地下 2 层为空调机组等设备安装层，地下 1 层为停车场，1～2 层为商场，3～4 层为餐厅，5～10 层为写字楼，11～18 层为宾馆。

2）技术交流

在进行需求分析后，要与用户进行技术交流，这是非常必要的。不仅要与技术负责人进行交流，也要与项目或者行政负责人进行交流，进一步充分地了解用户的需求，特别是未来的发展需求。在交流中重点了解每个房间或者工作区的用途、工作区域、工作台位置、工作台尺寸、设备安装位置等详细信息。在交流过程中必须进行详细的书面记录，每次交流结束后要及时整理书面记录，这些书面记录是初步设计的依据。

3）阅读建筑物图纸和工作区编号

索取和认真阅读建筑物设计图纸是不能省略的程序，通过阅读建筑物图纸掌握建筑物的土建结构、强电路径、弱电路径，特别是主要电器设备和电源插座的安装位置，重点掌握在综合布线路径上的电器设备、电源插座、暗埋管线等。

工作区信息点的命名和编号是非常重要的一项工作，命名首先必须准确表达信息点的位置或者用途，要与工作区的名称相对应，这个名称从项目设计开始到竣工验收及后续维护最好一致。如果出现项目投入使用后用户改变了工作区名称或者编号的情况时，必须及时制作名称变更对应表，作为竣工资料保存。

4）初步设计方案

（1）工作区面积的确定。

随着智能化建筑和数字化城市的普及和快速发展，建筑物的功能呈现多样性和复杂性。建筑物的类型越来越多，大体上可以分为商业、文化、媒体、体育、医院、学校、交通、住宅、通用工业等类型。因此，对工作区面积的划分应该根据应用场合做具体的分析后确定。

工作区子系统包括办公室、写字间、作业间、技术室等需用电话、计算机、电视机等设施的区域和相应设备的统称。GB50311—2016规定，如表4-3所示。

表 4-3　工作区面积划分表

建筑物类型及功能	工作区面积/m^2
网管中心、呼叫中心、信息中心等终端设备较为密集的场地	3～5
办公区	5～10
会议、会展	10～60
商场、生产机房、娱乐场所	20～60
体育场馆、候机室、公共设施区	20～100
工业生产区	60～200

（2）工作区信息点的配置。每个工作区信息点数量可按用户的性质、网络构成和需求来确定。

（3）工作区信息点点数统计表。工作区信息点点数统计表简称点数表，是设计和统计信息点数量的基本工具和手段。点数统计表能够一次性准确、清楚地表示和统计出建筑物的信息点数量。

5）概算

在初步设计的最后要给出该项目的概算，这个概算是指整个综合布线系统工程的造价概算，当然也包括工作区子系统的造价。工程概算的计算公式如下：

工程造价概算=信息点数量×信息点的价格

每个信息点的造价概算中应该包括材料费、工程费、运输费、管理费、税金等全部费用。材料中应该包括机柜、配线架、配线模块、跳线架、理线环、网线、模块、底盒、面板、桁架、线槽、线管等全部材料及配件。

6）初步设计方案确认

初步设计方案主要包括点数统计表和概算两个文件，因为工作区子系统的信息点数量直接决定综合布线系统工程的造价，信息点数量越多，工程造价越大。工程概算的多少与选用产品的品牌和质量有直接关系，工程概算多时宜选用高质量的知名品牌，工程概算少时宜选用区域知名品牌。点数统计表和概算也是综合布线系统工程设计的依据和基本文件，因此必须经过用户确认。

用户确认的一般程序如下：整理点数统计表→准备用户确认签字文件→用户交流和沟通→用户确认签字和盖章→设计方签字和盖章→双方存档。

用户确认签字文件至少一式 4 份，双方各两份。设计单位一份存档，一份作为设计资料。

4.2.3　任务实施

（1）设计单人办公室及工作区子系统。3～4 人组成一个项目组，选举项目负责人，每人设计一种单人办公区，并且绘制施工图，集体讨论后由项目负责人指定一种设计方案进行实训。

（2）列出材料清单和领取材料。按照设计图，完成材料清单并且领取材料，如 RJ-11 语音模块、RJ-45 信息模块，如图 4-3 所示。

图4-3　RJ-45信息模块

（3）列出工具清单和领取工具。根据实训需要，完成工具清单并且领取工具，如网线、剥线器、打线钳等。

（4）穿线和端接模块，如图 4-4 所示。

（5）标记并测试。

完成以上步骤，如图 4-5 所示。

图4-4　信息模块端接

图4-5　网络插座的安装

子任务 4.3　多人、集体办公室

4.3.1　任务分析

多人或集体办公室信息点设计，信息插座可以设计安装在墙面或地面。多人办公室信息点设计如图 4-6 所示。

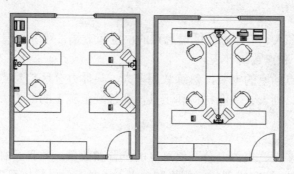

图4-6　多人办公室信息点设计

说明：

（1）设计多人办公室信息点时必须考虑多个数据点和语音点。

（2）当办公桌设计靠墙摆放时，信息插座安装在墙面，中心垂直距地 300 mm。当办公桌摆放在中间时，信息插座使用地弹式地面插座，安装在地面。

设计集中办公区信息点布局时，必须考虑空间的利用率和便于办公人员工作，进行合理的设计，信息插座根据工位的摆放设计安装在墙面或地面。

说明：

（1）该集体办公环境面积 60 m²，可供 17 人办公。集体办公室信息点设计如图 4-7 所示。

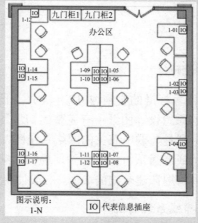

图 4-7　集体办公室信息点设计

（2）设计 34 个信息点，其中 17 个数据点、17 个语音点。每个信息插座上包括 1 个数据、1 个语音。

（3）每个点敷设 1 根 4-UTP 超五类网线，数据和语音共用一根超五类网线。

（4）墙面的 9 个信息插座安装高度中心垂直距地 300 mm，中间 8 个信息点使用地埋式插座安装在地面。

（5）所有信息插座使用双口面板安装。

（6）所有布线使用 PVC 管暗埋敷设。

1．任务目的

（1）通过设计多人、集体办公区信息点的位置和数量，熟练掌握多人、集体办公区及工作区子系统的设计和点数统计表。

（2）通过信息点插的安装，熟练掌握多人、集体办公区信息点的施工方法。

（3）通过核算、列表、领取材料和工具，训练规范施工的能力。

2．任务要求

（1）设计一种多人、集体办公区信息点的位置和数量，并且绘制施工图。

（2）按照设计图，核算实训材料规格和数量，掌握工程材料核算方法，列出材料清单。

（3）按照设计图，准备实训工具，列出实训工具清单。

（4）独立领取实训材料和工具。

（5）独立完成多人、集体办公区信息点及网络插座的安装。

3．材料和工具

（1）RJ-45 网络模块+RJ-11 电话模块若干。

（2）86 系列明装、暗装塑料底盒和螺丝若干。

（3）单口面板、双口面板与螺丝若干。

（4）网络双绞线若干。

（5）十字头螺丝刀，长度 150 mm，用于固定螺丝，一般每人 1 个。

（6）压线钳，用于压接 RJ-45 网络模块和电话模块，一般每人 1 个。

4.3.2　相关知识

1．新建建筑物工作区设计

随着 GB50311—2016 国家标准的实施，2017 年 4 月 1 日起新建建筑物必须设计网络综合布线系统，因此建筑物的原始设计图纸中有完整的初步设计方案和网络系统图。必须认真研究和读懂设计图纸，特别是与弱电有关的网络系统图、通信系统图、电气图等。

如果土建工程已经开始或者封顶时，必须到现场实际勘测，并且与设计图纸对比。新建建筑物的信息点底盒必须暗埋在建筑物的墙面，一般使用金属底盒，很少使用塑料底盒。

2．旧楼增加网络综合布线系统的设计

当旧楼增加网络综合布线系统时，设计人员必须到现场勘察，根据现场使用情况具体设计信息插座的位置、数量。旧楼增加信息插座一般多为明装 86 系列插座。

3. 信息点安装位置

信息点的安装位置宜以工作台为中心进行设计，如果工作台靠墙布置时，信息点插座一般设计在工作台侧面的墙面，通过网络跳线直接与工作台上的计算机连接。避免信息点插座远离工作台，这样网络跳线比较长，既不美观，也可能影响网络传输速率或者稳定性；也不宜设计在工作台的前后位置。

如果工作台布置在房间的中间位置或者没有靠墙时，信息点插座一般设计在工作台下面的地面，通过网络跳线直接与工作台上的计算机连接。在设计时必须准确估计工作台的位置，避免信息点插座远离工作台。

如果是集中或者开放办公区域，信息点的设计应该以每个工位的工作台和隔断为中心，将信息插座安装在地面或者隔断上。新建项目选择在地面安装插座时，有利于一次完成综合布线，适合在办公家具和设备到位前综合布线工程竣工，也适合工作台灵活放置和随时调整，但是地面安装插座施工难度比较大，地面插座的安装材料费和工程费成本是墙面插座成本的 10～20 倍。对于已经完成地面铺装的工作区不宜设计地面安装方式。对于办公家具已经到位的工作区，宜在隔断安装插座设计。

在大门入口或者重要办公室门口宜设计门警系统信息点插座。在公司入口或者门厅宜设计指纹考勤机、电子屏幕使用的信息点插座。在会议室主席台、发言席、投影机位置宜设计信息点插座。在各种大卖场的收银区、管理区、出入口宜设计信息点插座。

4. 信息点面板

信息点面板的设计非常重要，首先必须满足使用功能需要，其次要考虑美观，最后还要考虑费用成本等。

地弹插座面板一般为黄铜制造，只适合在地面安装，每只售价在 100～200 元。地弹插座面板一般都具有防水、防尘、抗压功能，使用时打开盖板，不使用时，盖好盖板与地面高度相同。地弹插座面板有双口 RJ-45、双口 RJ-11、单口 RJ-45+单口 RJ-11 组合等规格，外开地弹插座面板有圆形和方形两种。地弹插座面板不能安装在墙面。

墙面插座面板一般为塑料制造，只适合在墙面安装，每只售价在 5～20 元，具有防尘功能，使用时打开防尘盖，不使用时，防尘盖自动关闭。墙面插座面板有双口 RJ-45、双口 RJ-11、单口 RJ-45+单口 RJ-11 组合等规格。墙面插座面板不能安装在地面，因为塑料结构容易损坏，而且不具备防水功能，灰尘和垃圾等进入插口后无法清理。

桌面型面板一般为塑料制造，适合安装在桌面或者台面，在综合布线系统设计中很少应用。

信息点插座底盒常见的有两种规格，适合墙面或者地面安装。墙面安装底盒为长 86 mm、宽 86 mm 的正方形盒子，设置有两个 M4 螺孔，孔距为 60 mm，又分为暗装和明装两种。暗装底盒的材料有塑料和金属材质两种，外观比较粗糙。明装底盒外观美观，一般由塑料注塑。

地面安装底盒比墙面安装底盒大，为长 100 mm、宽 100 mm 的正方形盒子，深度为 55 mm

（或 65 mm），设置有 2 个 M4 螺孔，孔距为 84 mm，一般只有暗装底盒，由金属材质一次冲压成型，表面电镀处理。面板一般为黄铜材料制成，常见的有方形面板和圆形面板两种，方形面板长 120 mm、宽 120 mm。

5. 图纸设计

综合布线系统工作区信息点的图纸设计是综合布线系统设计的基础工作，直接影响工程造价和施工难度，大型工程也直接影响工期，因此工作区子系统信息点的设计工作非常重要。

在一般综合布线工程设计中，不会单独设计工作区信息点布局图，而是综合在网络系统图纸中。各种常见工作区信息点的位置设计图清楚地说明信息点的位置和设计的重要性。

6. 其他工作区信息点设计

1）会议室信息点设计

一般设计会议室的信息点时，在会议讲台处至少设计 1 个信息点，便于设备的连接和使用。在会议室墙面的四周也可以考虑设计一些信息点，如图 4-8 所示。

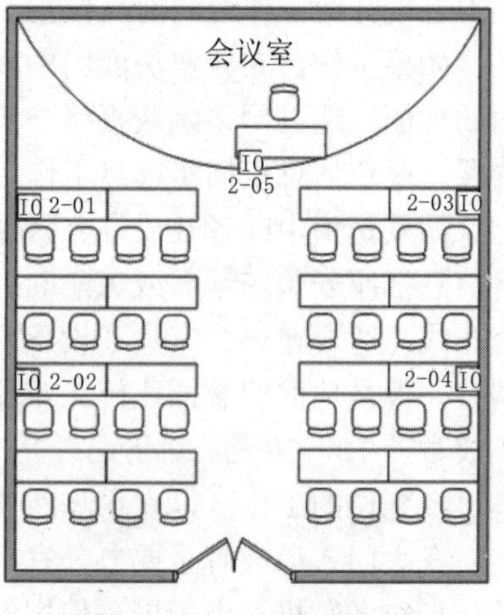

图4-8　会议室信息点设计

2）学生宿舍信息点设计

如果学校学生公寓每个房间供 4 人住宿，每个房间设计 4 个网络信息点，如图 4-9 所示。同时根据学校对学生住宿的规划、房间家具的摆放，合理地设计信息插座位置，如图 4-10 所示。

3）超市信息点设计

一般在大型超市的综合布线设计中，主要信息点集中在收银区和管理区域。如果不能确定其用途和布局时，可以在建筑物的墙面和柱子上设置一定数量的信息插座，以便今后使用，如图 4-11 所示。

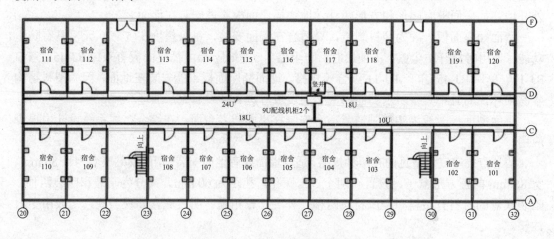

图4-9　学生宿舍网络信息点设计

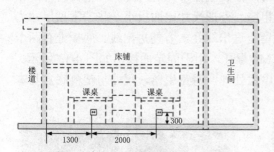

图4-10　学生宿舍信息插座位置设计　　　　图4-11　超市信息点设计

7. 工作区子系统的工程技术

1）标准要求

《综合布线系统工程设计规范》（GB 50311—2016）国家标准第 6 章安装工艺要求内容中，对工作区的安装工艺提出了具体要求：安装在地面上的接线盒应防水和抗压；安装在墙面或柱子上的信息插座底盒、多用户信息插座盒及集合点配线箱体的底部离地面的高度宜为 300 mm；每 1 个工作区至少应配置 1 个 220 V 交流电源插座；工作区的电源插座应选用带保护接地的单相电源插座，保护接地与零线应严格分开。

2）信息点安装位置

教学楼、学生公寓、实验楼、住宅楼等不需要进行二次区域分割的工作区，信息点宜设计在非承重的隔墙上，宜在设备使用位置或者附近设计信息点。

写字楼、商业、大厅等需要进行二次分割和装修的区域，宜在四周墙面设置信息点，也可以在中间的立柱上设置信息点，要考虑二次隔断和装修时扩展的方便性和美观性。大厅、展厅、商业收银区在设备安装区域的地面宜设置足够的信息点插座。墙面插座底盒下缘距离地面高度为 300 mm，地面插座底盒低于地面。

学生公寓等信息点密集的隔墙，宜在隔墙两面对称设置信息点。

银行营业大厅的对公区、对私区和 ATM 自助区信息点的设置要考虑隐蔽性和安全性，特别是离行式 ATM 机的信息点插座不能暴露在客户区。

指纹考勤机、门警系统信息点插座的高度宜参考设备的安装高度设置。

3）底盒安装

网络信息点插座底盒按照材料组成一般分为金属底盒和塑料底盒；按照安装方式一般分为暗装底盒和明装底盒；按照配套面板规格分为 86 系列和 120 系列。

一般在墙面安装 86 系列面板时，配套的底盒有明装和暗装两种。

（1）明装底盒。

明装底盒经常在改、扩建工程墙面明装方式布线时使用，一般为白色塑料盒，外形美观，表面光滑，外形尺寸比面板稍小一些，为长 84 mm、宽 84 mm、深 36 mm。底板上有 2 个直径 6 mm 的安装孔，用于将底座固定在墙面，正面有 2 个 M4 螺孔，用于固定面板，侧面预留有上下进出线孔，如图 4-12 所示。

（2）暗装底盒。

暗装底盒一般在新建项目和装饰工程中使用，暗装底盒常见的有金属和塑料两种。塑料底盒一般为白色，一次注塑成型，表面比较粗糙，外形尺寸比面板小一些，常见尺寸为长 80 mm、宽 80 mm、深 50 mm，5 个面都预留有进出线孔，方便进出线，底板上有两个安装孔，用于将底座固定在墙面，正面有两个 M4 螺孔，用于固定面板，如图 4-13 所示。

金属底盒一般一次冲压成型，表面都进行电镀处理，避免生锈，尺寸与塑料底盒基本相同，如图 4-14 所示。

图4-12 明装塑料底盒　　　图4-13 暗装塑料底盒　　　图4-14 暗装金属底盒

暗装底盒只能安装在墙面或者装饰隔断内，安装面板后就隐蔽起来了。施工中不允许把暗装底盒明装在墙面上。

暗装塑料底盒一般在土建工程施工时安装，如图 4-15 所示。底盒直接与穿线管端头连接固定在建筑物墙内或者立柱内，外沿低于墙面 10 mm，中心距离地面高度为 300 mm，或者按照施工图纸规定高度安装。底盒安装好以后，必须用钉子或者水泥砂浆固定在墙内，如图 4-16 所示。

图4-15 土建施工时安装暗装底盒　　　图4-16 暗装底盒固定于墙内

需要在地面安装网络插座时，盖板必须具有防水、抗压和防尘功能，一般选用 120 系列金属面板，配套的底盒宜选用金属底盒。一般金属底盒比较大，常见规格为长 100 mm、宽 100 mm，中间有两个固定面板的螺丝孔，5 个面都预留有进出线孔，方便进出线，如图 4-17 所示。地面金属底盒安装后一般应低于地面 10～20 mm，注意这里的地面是指装修后的地面。

在扩建、改建和装饰工程安装网络面板时，为了美观一般宜采取暗装底盒，必要时要在墙面或者地面进行开槽安装，如图4-18所示。

图4-17 地面暗装金属底盒、信息插座

图4-18 装修墙面开槽安装暗装底盒

4.3.3 任务实施

1. 明装与暗装网络插座

1）设计多人办公室、集体办公室及工作区子系统

3～4人组成一个项目组，选举项目负责人，每人设计一种多人办公区和集体办公区，并且绘制施工图。集体讨论后由项目负责人指定一种设计方案进行实训。

2）列出材料清单和领取材料

按照设计图，完成材料清单并且领取材料。如RJ-45信息模块、RJ-11语音模块、明装底盒、暗装底盒、盖板、螺丝等。

3）列出工具清单和领取工具

根据实训需要，完成工具清单并且领取工具。如网线、剥线器、打线钳、螺丝刀、测线仪等。

4）安装底盒

安装底盒时分明装塑料底盒和暗装塑料底盒、金属底盒。各种底盒安装时，一般按照下列步骤。

（1）目视检查产品的外观：特别检查底盒上的螺丝孔必须正常，如果其中有一个螺丝孔损坏时坚决不能使用。

（2）取掉底盒挡板：根据进出线方向和位置，取掉底盒预设孔中的挡板。

（3）固定底盒：明装底盒按照设计要求用膨胀螺丝直接固定在墙面，如图4-19所示。暗装底盒首先使用专门的管接头把线管和底盒连接起来，这种专用接头的管口有圆弧，既方便穿线，又能保护线缆不会被划伤或者损坏。然后用膨胀螺丝或者水泥砂浆固定底盒。

（4）成品保护：暗装底盒一般在土建过程中进行，因此在底盒安装完毕后，必须进行成品保护，特别是安装螺丝孔，防止水泥砂浆灌入螺丝孔或者穿线管内。一般做法是在底盒螺丝孔和管口塞纸团，也有用胶带纸保护螺丝孔的做法。

5）穿线和端接模块

网络数据模块和电话语音模块的安装方法基本相同，一般安装顺序如下：准备材料和工具→清理和标记→剪掉多余线头→剥线→压线→压防尘盖，图4-20所示为信息模块压线。

图4-19 装修墙面明装底盒

图4-20 信息模块压线

6）安装面板

面板安装是信息插座安装的最后一个工序，一般应该在端接模块后立即进行，以保护模块。安装时将模块卡接到面板接口中。如果双口面板上有网络和电话插口标记时，按照标记口位置安装。如果双口面板上没有标记时，宜将网络模块安装在左边，电话模块安装在右边，并且在面板表面做好标记，如图 4-21 和图 4-22 所示。

图4-21 安装面板

图4-22 压接好模块的墙面明装底盒

7）安装盖板

安装盖板后的效果如图 4-23 所示。

图4-23 压接好模块的土建暗装底盒

8）标记并测试

2. 工程经验

1）模块和面板安装时间

在工作区子系统模块、面板安装后，遇到过破坏和丢失的情况，究其原因是我们在土建人员还没有进行室内粉刷就先将模块、面板安装到位了，土建人员在粉刷时出现了破坏或取走面板的情况，所以在安装模块和面板时一定要等土建人员将建筑物内部墙面粉刷完后，再安排施工人员到现场进行信息模块的安装。

2）准备长螺丝

安装面板时，由于土建工程中埋设底盒的深度不一致，导致面板上配带的螺丝有时会出现过短的情况，这时就需要另外购买一些长一点的螺丝。一般配 50 mm 长的螺丝就可以了。

3）轻松安装

在安装信息点数量比较多、安装位置统一的情况下，如学院后勤区学生公寓内安装信息插座。一个房间安装 4 个信息插座，每个插座上有数据点和语音点，同时由于信息插座安装位置比较低，施工人员需要长时间地蹲下工作，这时需要携带小凳子，这样可以减轻施工人员的体力损耗，提高工作效率。

4）携带工具

在施工过程中经常会遇到少带工具的情况，所以在安装信息插座时，根据不同的情况，需要携带配套的使用工具。

（1）在新建建筑物中施工。安装模块时，需要携带的材料有信息模块、标签纸、签字笔或钢笔、透明胶带或专用编号线圈，需要携带的工具有斜口钳、剥线器、打线钳。安装面板时，需要携带的材料有面板、标签，需要携带的工具有十字口螺丝刀。

（2）在已建成的建筑物中施工。信息插座的底盒、模块和面板是同时安装的，需要携带的材料有明装底盒、信息模块、面板、标签纸、签字笔或钢笔、透明胶带或专用编号线圈、木楔子，需要携带的工具有电锤、钻头、斜口钳、十字口螺丝刀、剥线器、RJ-45 压线钳、打线钳。

5）标签

以前在安装模块和面板时，有时忽略了在面板上做标签，给以后开通网络造成麻烦，所以在完成信息插座安装后，在面板上一定要进行标签标识，内外必须一致，便于以后网络的开通使用和维护。

6）成品保护

暗装底盒一般由土建人员在建设中安装，因此在底盒安装完毕后，必须进行保护，防止水泥砂浆灌入穿线管内，同时对安装的螺丝孔也要进行保护，避免破坏。一般是在底盒内塞纸团，也有用胶带纸保护螺丝孔的做法。

模块压接完成后，将模块卡接在面板中，然后立即安装面板。如果压接模块后不能及时安装面板时，必须对模块进行保护，一般的做法是在模块上套一个塑料袋，避免土建人员在墙面施工时对模块的污染和损坏。

任务 5

教学楼综合布线技术与施工

随着信息化水平的普及和高校电教化水平的提高，教学楼内的多媒体教室可以满足上网及基本的信息技术要求。教学楼综合布线技术与施工重点介绍楼层及楼层间布线技术与施工。

子任务 5.1 水平布线

水平子系统是综合布线结构的一部分，它将垂直子系统线路延伸到用户工作区，实现信息插座和管理间子系统的连接，包括工作区与楼层配线间之间的所有电缆、连接硬件（信息插座、插头、端接水平传输介质的配线架、跳线架等）、跳线线缆及附件，如图 5-1 所示。

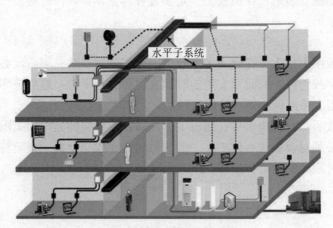

图5-1 水平子系统示意图

水平子系统与垂直子系统的区别是：水平子系统总是在一个楼层上，仅与信息插座、管理间子系统连接。

由于智能大厦对通信系统的要求，需要把通信系统设计成易于维护、更换和移动的配置结构以适合通信系统及设备在未来发展的需要。水平系统分布于智能大厦的各个角落，绝大部分通信电缆包括在这个子系统中。相对于垂直子系统而言，水平子系统一般安装得比较隐蔽，在智能大厦交工后，该子系统很难接近，因此更换和维护水平电缆的费用很高，技术要求也很高。如果经常对水平线缆进行维护和更换，就会影响大厦内用户的正常工作，严重的就要中断用户的通信系统。由此可见，水平子系统的管路敷设、线缆选择将成为综合布线系统中重要的组成部分。

水平布线应采用星型拓扑结构，每个工作区的信息插座都要和管理区相连。每个工作区一般需要提供语音和数据两种信息插座。

5.1.1　任务分析

水平子系统应根据楼层用户类别及工程提出近期、远期终端设备要求，确定每层的信息点（TO）数。在确定信息点数及位置时，应考虑终端设备将来可能产生的移动、修改，便于对一次性建设和分期建设的方案选定。

当工作区为开放式大密度办公环境时，宜采用区域式布线方法，即从楼层配线设备（FD）上将多对数电缆布置至办公区域，根据实际情况采用合适的布线方法。

配线电缆宜采用 8 芯非屏蔽双绞线，语音口和数据口宜采用超五类、六类双绞线，以增强系统的灵活性，对于高传输速率的应用场合，宜采用多模或单模光纤，每个信息点的光纤宜为 4 芯。

信息点应为标准的 RJ-45 型插座，并与线缆类别相对应，多模光纤插座宜采用 SC 接插形式，单模光纤插座宜采用 FC 插接形式。信息插座应在内部做固定连接，不得空线、空脚。要求屏蔽的场合，插座需有屏蔽措施。

水平子系统可采用吊顶上、地毯下、暗管、地槽等方式布线。

信息点面板应采用国际标准面板。

1．任务目的

（1）通过水平子系统布线路径和距离的设计，熟练掌握水平子系统的设计。

（2）通过线管的安装和穿线等，熟练掌握水平子系统的施工方法。

（3）通过使用弯管器制作弯头，熟练掌握弯管器使用方法和布线曲率半径要求。

（4）通过核算、列表、领取材料和工具，训练规范施工的能力。

2．任务要求

（1）设计一种水平子系统的布线路径和方式，并且绘制施工图。

（2）按照设计图，核算实训材料规格和数量，掌握工程材料核算方法，列出材料清单。

（3）按照设计图，准备实训工具，列出实训工具清单，独立领取实训材料和工具。

（4）独立完成水平子系统的线管安装和布线方法，掌握 PVC 管卡、管的安装方法和技巧，掌握 PVC 管弯头的制作。

3．材料和工具

（1）Φ20 mmPVC 塑料管、管接头、管卡若干。

（2）弯管器、穿线器、十字头螺丝刀、M6×16 十字头螺钉。

（3）钢锯、线槽剪、登高梯子、编号标签。

5.1.2 相关知识

1．水平子系统的设计步骤

水平子系统设计的步骤一般为：首先进行需求分析，与用户进行充分的技术交流和了解建筑物用途；其次认真阅读建筑物设计图纸，确定工作区子系统信息点的位置和数量，完成点数表；再次进行初步规划和设计，确定每个信息点的水平布线路径；最后确定布线材料规格和数量，列出材料规格和数量统计表。

一般工作流程如下：需求分析→技术交流→阅读建筑物图纸→规划和设计→图纸设计→材料概算和统计表。

1）需求分析

需求分析是综合布线系统设计的首项重要工作，水平子系统是综合布线系统工程中最大的一个子系统，使用的材料最多，工期最长，投资最大，也直接决定每个信息点的稳定性和传输速度。其主要涉及布线距离、布线路径、布线方式和材料的选择，对后续水平子系统的施工是非常重要的，也直接影响网络综合布线系统工程的质量、工期，甚至影响最终工程造价。

智能化建筑每个楼层的使用功能往往不同，甚至同一个楼层不同区域的功能也不同，有多种用途和功能，这就需要针对每个楼层，甚至每个区域进行分析和设计。例如，地下停车场、商场、餐厅、写字楼、宾馆等楼层信息点的水平子系统有非常大的区别。

需求分析首先按照楼层进行分析，分析每个楼层的设备间到信息点的布线距离、布线路径，逐步明确和确认每个工作区信息点的布线距离和路径。

2）技术交流

在进行需求分析后，要与用户进行技术交流，这是非常必要的。由于水平子系统往往覆盖每个楼层的立面和平面，布线路径也经常与照明线路、电器设备线路、电器插座、消防线路、暖气或者空调线路有多次的交叉或者并行，因此不仅要与技术负责人交流，也要与项目或者行政负责人进行交流。在交流中重点了解每个信息点路径上的电路、水路、气路和电器设备的安装位置等详细信息。在交流过程中必须进行详细的书面记录，每次交流结束后要及时整理书面记录。

3）阅读建筑物图纸

索取和认真阅读建筑物设计图纸是不能省略的程序，通过阅读建筑物图纸掌握建筑物的土建结构、强电路径、弱电路径，特别是主要电器设备和电源插座的安装位置，重点掌握在综合布线路径上的电器设备、电源插座、暗埋管线等。在阅读图纸时，应进行记录或者标记，正确处理水平子系统布线与电路、水路、气路和电器设备的直接交叉或者路径冲突问题。

4）规划和设计

（1）水平子系统线缆的布线距离规定。

按照《综合布线系统工程设计规范》（GB 50311—2016）国家标准的规定，水平子系统属于配线子系统，对于线缆的长度做了统一规定，配线子系统各线缆长度应符合图 5-2 的划分并应符合下列要求。

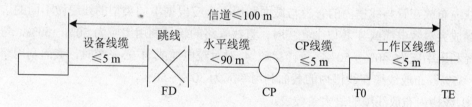

图5-2　配线子系统线缆划分

① 配线子系统信道的最大长度不应大于 100 m。其中水平线缆长度不大于 90 m，一端工作区设备连接跳线不大于 5 m，另一端设备间（电信间）的跳线不大于 5 m。如果两端的跳线之和大于 10 m 时，水平线缆长度（90 m）应适当减少，保证配线子系统信道最大长度不应大于 100 m，如图 5-2 所示。

② 信道总长度不应大于 2000 m。信道总长度包括了综合布线系统水平线缆、建筑物主干线缆和建筑群主干线缆三部分线缆之和。

③ 建筑物或建筑群配线设备之间（FD 与 BD、FD 与 CD、BD 与 BD、BD 与 CD 之间）组成的信道出现 4 个连接器件时，主干线缆的长度不应小于 15 m。

（2）开放型办公室布线系统长度的计算。

对于商用建筑物或公共区域大开间的办公楼、综合楼等的场地，由于其使用对象数量的不确定性和流动性等因素，宜按开放办公室综合布线系统要求进行设计，并应符合下列规定：采用多用户信息插座时，每一个多用户插座包括适当的备用量在内，宜能支持 12 个工作区所需的 8 位模块通用插座；各段线缆长度可按表 5-1 各段线缆长度限值选用。

表 5-1　各段线缆长度限值

电缆总长度/m	水平布线电缆 H/m	工作区电缆 W/m	电信间跳线和设备电缆 D/m
100	90	5	5
99	85	9	5
98	80	13	5
97	75	17	5
97	70	22	5

也可按下式计算：

$$C=(102-H)/1.2$$
$$W=C-5$$

式中，$C=W+D$ 为工作区电缆、电信间跳线和设备电缆的长度之和；D 为电信间跳线和设备电缆的总长度；W 为工作区电缆的最大长度，且 $W\leq22$ m；H 为水平布线电缆的长度。

（3）管道线缆的布放根数。

在水平布线系统中，线缆必须安装在线槽或者线管内。在建筑物墙或者地面内暗设布线时，一般选择线管，不允许使用线槽。在建筑物墙明装布线时，一般选择线槽，很少使用线管。

选择线槽时，建议宽与高之比为 2：1，这样布出的线槽较为美观、大方。选择线管时，建议使用满足布线根数需要的最小直径线管，这样能够降低布线成本。

线缆布放在管与线槽内的管径与截面利用率，应根据不同类型的线缆做不同的选择。管内穿放大对数电缆或 4 芯以上光缆时，直线管路的管径利用率应为 50%～60%，弯管路的管径利用率应为 40%～50%。管内穿放 4 对对绞电缆或 4 芯光缆时，截面利用率应为 25%～35%。布放线缆在线槽内的截面利用率应为 30%～50%。

① 线槽内布放线缆的最大条数表。

常规通用线槽内布放线缆的最大条数表可以按照表 5-2 选择。

表 5-2　线槽规格型号与容纳双绞线最多条数表

线槽、桥架类型	线槽、桥架规格/mm	容纳双绞线最多条数	截面利用率
PVC	20×12	2	30%
PVC	25×12.5	4	30%
PVC	30×16	7	30%
PVC	39×19	12	30%
金属、PVC	50×25	18	30%
金属、PVC	60×30	23	30%
金属、PVC	75×50	40	30%
金属、PVC	80×50	50	30%
金属、PVC	100×50	60	30%
金属、PVC	100×80	80	30%
金属、PVC	150×75	100	30%
金属、PVC	200×100	150	30%

② 线管规格型号与容纳根数。

线管规格型号与容纳根数如表 5-3 所示。

表 5-3　线管规格型号与容纳根数

线管类型	线管规格/mm	容纳双绞线最多条数	截面利用率
PVC、金属	16	2	30%
PVC	20	3	30%
PVC、金属	25	5	30%
PVC、金属	32	7	30%
PVC	40	11	30%
PVC、金属	50	15	30%
PVC、金属	63	23	30%
PVC	80	30	30%
PVC	100	40	30%

常规通用线槽（管）内布放线缆的最大条数可以按照线槽（管）截面积/线缆截面积的方法进行计算和选择。

③ 槽（管）大小选择的计算方法及槽（管）可放线缆的条数计算。

❖ 线缆截面积计算。

网络双绞线按照线芯数量分，有 4 对、25 对、50 对等多种规格；按照用途分，有屏蔽和非屏蔽等多种规格。但是综合布线系统工程中最常见和应用最多的是 4 对双绞线，由于不同厂家生产的线缆外径不同，下面按照线缆直径 6 mm 计算双绞线的截面积。

$$S=\pi\times(D/2)^2=D^2\times3.14/4=36\times3.14/4=28.26\ \text{mm}^2$$

式中，S 表示双绞线截面积，D 表示双绞线直径。

❖ 线管截面积计算。

线管规格一般用线管的外径表示，线管内布线容积截面积应该按照线管的内直径计算，以管径 25 mmPVC 管为例，管壁厚 1 mm，管内部直径为 23 mm，其截面积计算如下：

$$S=D^2\times3.14/4=23^2\times3.14/4=415.265\ \text{mm}^2$$

式中，S 表示线管截面积，D 表示线管的内直径。

❖ 线槽截面积计算。

线槽规格一般用线槽的外部长度和宽度表示，线槽内布线容积截面积计算按照线槽的内部长和宽计算，以 40×20 线槽为例，线槽壁厚 1 mm，线槽内部长 38 mm、宽 18 mm，其截面积计算如下：

$$S=L\times W=38\times18=684\ \text{mm}^2$$

式中，S 表示线管截面积，L 表示线槽内部长度，W 表示线槽内部宽度。

❖ 容纳双绞线最多数量计算。

布线标准规定，一般线槽（管）内允许穿线的最大面积为 70%，同时考虑线缆之间的间隙和拐弯等因素，考虑浪费空间 40%～50%。因此容纳双绞线根数计算公式如下：

$$N=\text{槽（管）截面积}\times70\%\times(40\%～50\%)/\text{线缆截面积}$$

其中，N 表示容纳双绞线最多数量，70% 表示布线标准规定允许的空间，40%～50% 表示线缆之间浪费的空间。

例 1：30×16PVC 线槽容纳双绞线最多数量计算。

$N=\text{线槽截面积}\times70\%\times50\%/\text{线缆截面积}=(28\times14)\times70\%\times50\%/(6^2\times3.14/4)=392\times70\%\times50\%/28.26=10$（根）

说明：上述计算的是使用 30×16PVC 线槽敷设网线时，槽内容纳网线的数量最多是10 根。

具体计算分解如下：

30×16 线槽的截面积是长×宽=28×14=392 mm²；70% 是布线允许的使用空间；50% 是线缆之间的空隙浪费的空间；线缆的直径 D 为 6 mm，它的截面积是 $\pi\times D^2/4=6^2\times3.14/4=28.26\ \text{mm}^2$

例 2： Φ40 PVC 线管容纳双绞线最多数量计算。

$N=\text{线管截面积}\times70\%\times40\%/\text{线缆截面积}=(36.6^2\times3.14/4)\times70\%\times40\%/(6^2\times3.14/4)=1051.56\times70\%\times40\%/28.26=10.4$（根）

说明：上述计算的是使用 Φ40PVC 线管敷设网线时，管内容纳网线的数量是 10 根。

具体计算分解如下：

Φ40PVC 线管的截面积是 $\pi\times D^2/4=36.6^2\times3.14/4=1051.56\ \text{mm}^2$；70% 是布线允许的使用

空间；40%是线缆之间的空隙浪费的空间；线缆的直径 D 为 6 mm，它的截面积是
$\pi \times D^2/4 = 6^2 \times 3.14/4 = 28.26 \ mm^2$

（4）布线弯曲半径要求。

布线中如果不能满足最低弯曲半径要求，双绞线电缆的缠绕节距会发生变化，严重时，电缆可能会损坏，直接影响电缆的传输性能。线缆的弯曲半径应符合表 5-4 的规定。

表 5-4　管线敷设允许的弯曲半径

缆 线 类 型	弯曲半径/mm / 倍
4 对非屏蔽电缆	不小于电缆外径的 4 倍
4 对屏蔽电缆	不小于电缆外径的 8 倍
大对数主干电缆	不小于电缆外径的 10 倍
2 芯或 4 芯室内光缆	>25 mm
其他芯数和主干室内光缆	不小于光缆外径的 10 倍
室外光缆、电缆	不小于线缆外径的 20 倍

① 非屏蔽 4 对对绞电缆的弯曲半径应至少为电缆外径的 4 倍。

② 屏蔽 4 对对绞电缆的弯曲半径应至少为电缆外径的 8 倍。

③ 主干对绞电缆的弯曲半径应至少为电缆外径的 10 倍。

④ 2 芯或 4 芯水平光缆的弯曲半径应大于 25 mm。

⑤ 光缆容许的最小曲率半径在施工时应当不小于光缆外径的 20 倍，施工完毕应当不小于光缆外径的 15 倍。

其他芯数的水平光缆、主干光缆和室外光缆的弯曲半径应至少为光缆外径的 10 倍。

（5）网络线缆与电力电缆的间距。

在水平子系统中，经常出现综合布线电缆与电力电缆平行布线的情况，为了减少电力电缆电磁场对网络系统的影响，综合布线电缆与电力电缆接近布线时，必须保持一定的距离。《综合布线系统工程设计规范》（GB 50311—2016）国家标准规定的综合布线电缆与电力电缆的间距应符合表 5-5 的规定。

表 5-5　综合布线电缆与电力电缆的间距

类　　别	与综合布线接近状况	最小间距/mm
380 V 以下电力电缆<2 kV·A	与线缆平行敷设	130
	有一方在接地的金属线槽或钢管中	70
	双方都在接地的金属线槽或钢管中（1）	10
380 V 电力电缆为 2～5 kV·A	与线缆平行敷设	300
	有一方在接地的金属线槽或钢管中	150
	双方都在接地的金属线槽或钢管中（2）	80
380 V 电力电缆>5 kV·A	与线缆平行敷设	600
	有一方在接地的金属线槽或钢管中	300
	双方都在接地的金属线槽或钢管中（3）	150

① 当 380 V 电力电缆<2kV·A，双方都在接地的线槽中，且平行长度≤10 m 时，最

小间距可为 10 mm。

② 双方都在接地的线槽中，是指两个不同的线槽也可在同一线槽中，用金属板隔开。

（6）线缆与电气设备的间距。

综合布线电缆与附近可能产生高电平电磁干扰的电动机、电力变压器、射频应用设备等电气设备之间应保持必要的间距，为了减少电气设备电磁场对网络系统的影响，综合布线电缆与这些设备布线时，必须保持一定的距离。《综合布线系统工程设计规范》（GB 50311—2016）中约定综合布线系统线缆与配电箱、变电室、电梯机房、空调机房之间的最小净距应符合表 5-6 的规定。

表 5-6 综合布线线缆与电气设备的最小净距

名　称	最小净距(m)	名　称	最小净距(m)
配电箱	1	电梯机房	2
变电室	2	空调机房	2

当墙壁电缆敷设高度超过 6000 mm 时，与避雷引下线的交叉间距应按下式计算：

$$S \geqslant 0.05L$$

式中，S 表示交叉间距(mm)，L 表示交叉处避雷引下线距地面的高度（mm）。

（7）线缆与其他管线的间距。

墙上敷设的综合布线线缆及管线与其他管线的间距应符合表 5-7 的规定。

表 5-7 综合布线线缆及管线与其他管线的间距

其 他 管 线	平行净距/mm	垂直交叉净距/mm
避雷引下线	1000	300
保护地线	50	20
给水管	150	20
压缩空气管	150	20
热力管（不包封）	500	500
热力管（包封）	300	300
煤气管	300	20

（8）其他电气防护和接地。

① 综合布线系统应根据环境条件选用相应的线缆和配线设备，或采取防护措施，并应符合下列规定。

当综合布线区域内存在的电磁干扰场强低于 3 V/m 时，宜采用非屏蔽电缆和非屏蔽配线设备；当综合布线区域内存在的电磁干扰场强高于 3 V/m 时，或用户对电磁兼容性有较高要求时，可采用屏蔽布线系统和光缆布线系统；当综合布线路由上存在干扰源，且不能满足最小净距的要求时，宜采用金属管线进行屏蔽，或采用屏蔽布线系统及光缆布线系统。

② 在电信间、设备间及进线间应设置楼层或局部等电位接地端子板。

③ 综合布线系统应采用共用接地的接地系统，如单独设置接地体时，接地电阻不应大于 4Ω。如布线系统的接地系统中存在两个不同的接地体时，其接地电位差不应大于 1V。

④ 楼层安装的各个配线柜（架、箱）应采用适当截面的绝缘铜导线单独布线至就近的

等电位接地装置，也可采用竖井内等电位接地铜排引到建筑物共用接地装置，铜导线的截面应符合设计要求。

⑤ 线缆在雷电防护区交界处，屏蔽电缆屏蔽层的两端应做等电位连接并接地。

⑥ 综合布线的电缆采用金属线槽或钢管敷设时，线槽或钢管应保持连续的电气连接，并应有不少于两点的良好接地。

⑦ 当线缆从建筑物外面进入建筑物时，电缆和光缆的金属护套或金属件应在入口处就近与等电位接地端子板连接。

⑧ 当电缆从建筑物外面进入建筑物时，《综合布线系统工程设计规范》（GB 50311—2016）规定应选用适配的信号线路浪涌保护器，信号线路浪涌保护器应符合设计要求。

（9）线缆的选择原则。

① 系统应用。

同一布线信道及链路的线缆和连接器件应保持系统等级与阻抗的一致性。综合布线系统工程的产品类别及链路、信道等级确定应综合考虑建筑物的功能、应用网络、业务终端类型、业务的需求及发展、性能价格、现场安装条件等因素，应符合表 5-8 的要求。

表 5-8　布线系统等级与类别的选用

业务种类	配线子系统		干线子系统		建筑群子系统	
	等　级	类　别	等　级	类　别	等　级	类　别
语音	D/E	5e/6	e	3（大对数）	C	3（室外大对数）
数据	D/E/F	5e/6/7	D/E/F	5e/6/7（4 对）		
	光纤 （多模或单模）	62.5 μm 多模/ 50 μm 多模/ <10 μm 单模	光纤	62.5 μm 多模/ 50 μm 多模/ <10 μm 单模	光纤	62.5 μm 多模/ 50 μm 多模/ <1 μm 单模
其他应用	采用 5e/6 类 4 对对绞电缆和 62.5 μm 多模/50 μm 多模/<10 μm 多模、单模光缆					

　　注：其他应用指数字监控摄像头、楼宇自控现场控制器（DDC）、门禁系统等采用网络端口传送数字信息时的应用。

综合布线系统光纤信道应采用标称波长为 850 nm 和 1300 nm 的多模光纤及标称波长为 1310 nm 和 1550 nm 的单模光纤。

单模和多模光纤的选用应符合网络的构成方式、业务的互通互连方式及光纤在网络中的应用传输距离。楼内宜采用多模光纤，建筑物之间宜采用多模或单模光纤，需直接与电信业务经营者相连时宜采用单模光纤。

为保证传输质量，配线设备连接的跳线宜选用产业化制造的各类跳线，在电话应用时宜选用双芯对绞电缆。

工作区信息点为电端口时，应采用 8 位模块通用插座（RJ-45），光端口宜采用 SFF 小型光纤连接器件及适配器。

FD、BD、CD 配线设备应采用 8 位模块通用插座或卡接式配线模块（多对、25 对及回线型卡接模块）和光纤连接器件及光纤适配器（单工或双工的 ST、SC 或 SFF 光纤连接器件及适配器）。

CP集合点安装的连接器件应选用卡接式配线模块或8位模块通用插座或各类光纤连接器件和适配器。

② 屏蔽布线系统。

综合布线区域内存在的电磁干扰场强高于 3V/m 时，宜采用屏蔽布线系统进行防护。用户对电磁兼容性有较高的要求（电磁干扰和防信息泄漏）时，或出于网络安全保密的需要，宜采用屏蔽布线系统。采用非屏蔽布线系统无法满足安装现场条件对线缆的间距要求时，宜采用屏蔽布线系统。

屏蔽布线系统采用的电缆、连接器件、跳线、设备电缆都应是屏蔽的，并应保持屏蔽层的连续性。

（10）线缆的暗埋设计。

水平子系统线缆的路径，在新建筑物设计时宜采取暗埋管线。暗管的转弯角度应大于90°，在路径上每根暗管的转弯角度不得多于两个，并不应有 S 弯出现，有弯头的管段长度超过 20 m 时，应设置管线过线盒装置；在有两个弯时，不超过 15 m 应设置过线盒。

设置在墙面的信息点布线路径宜使用暗埋钢管或 PVC 管，对于信息点较少的区域管线可以直接敷设到楼层的设备间机柜内，对于信息点比较多的区域先将每个信息点管线分别敷设到楼道或者吊顶上，然后集中进入楼道或者吊顶上安装的线槽或者桥架。

新建公共建筑物墙面暗埋管的路径一般有两种做法：第一种做法是从墙面插座向上垂直埋管到横梁，然后在横梁内埋管到楼道本层墙面出口，如图 5-3 所示；第二种做法是从墙面插座向下垂直埋管到横梁，然后在横梁内埋管到楼道下层墙面出口，如图 5-4 所示。

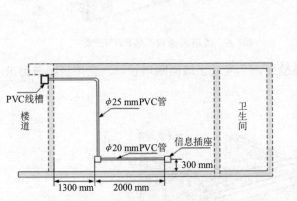

图5-3 同层水平子系统暗埋管

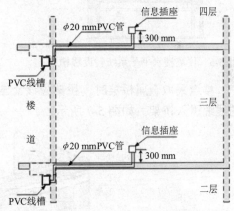

图5-4 不同层水平子系统暗埋管

这两种做法管线拐弯少，不会出现 U 形或者 S 形路径，土建施工简单。土建中不允许沿墙面斜角布管。如果同一个墙面单面或者两面插座比较多时，则水平插座之间应串联布管，如图 5-3 所示。

对于信息点比较密集的网络中心、运营商机房等区域，一般敷设抗静电地板，在地板下安装布线槽，水平布线到网络插座。

（11）线缆的明装设计。

住宅楼、老式办公楼、厂房进行改造或者需要增加网络布线系统时，一般采取明装布线方式。学生公寓、教学楼、实验楼等信息点比较密集的建筑物一般也采取隔墙暗埋管线、楼道明装线槽或者桥架的方式（工程上也叫作暗管明槽方式）。

住宅楼增加网络布线常见的做法是，将机柜安装在每个单元的中间楼层，然后沿墙面安装 PVC 线管或者线槽到每户入户门上方的墙面固定插座，如图 5-5 所示。使用线槽外观美观，施工方便，但是安全性比较差，使用线管安全性比较好。

楼道明装布线时，宜选择 PVC 塑料线槽，线槽盖板边缘最好是直角，特别在北方地区不宜选择斜角盖板，斜角盖板容易落灰，影响美观。

采取暗管明槽方式布线时，每个暗埋管在楼道的出口高度必须相同，这样暗管与明装线槽直接连接，布线方便和美观，如图 5-6 所示。

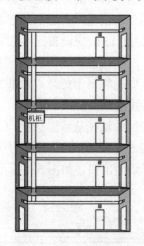

图5-5　住宅楼水平子系统敷设线槽

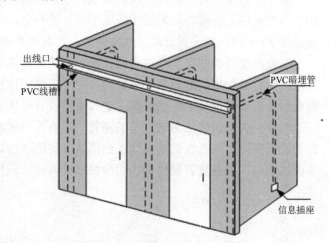

图5-6　楼道内铺设明装PVC线槽

楼道采取金属桥架时，桥架应该紧靠墙面，高度低于墙面暗埋管口，直接将墙面出来的线缆引入桥架。如图 5-7 所示。

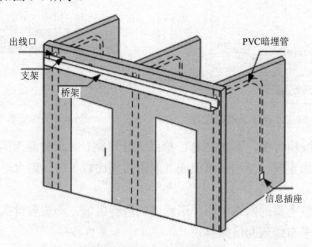

图5-7　楼道安装桥架布线

5）图纸设计

随着《综合布线系统工程设计规范》（GB 50311—2016）国家标准的正式实施，2017年 4 月 1 日起新建建筑物必须设计网络综合布线系统，因此建筑物的原始设计图纸中有完整的初步设计方案和网络系统图。必须认真研究并读懂设计图纸，特别是与弱电有关的网络系统图、通信系统图、电气图等，虚心向项目经理或者设计院咨询。

如果土建工程已经开始或者封顶，必须到现场实际勘测，并且与设计图纸对比。

新建建筑物的水平管线宜暗埋在建筑物的墙面，一般使用金属或者 PVC 管。

6）材料概算和统计表

对于水平子系统材料的计算，我们首先确定施工使用的布线材料类型，列出一个简单的统计表，统计表主要是针对某个项目分别列出各层使用的材料的名称，对数量进行统计，避免计算材料时漏项，从而方便材料的核算。

例如，某 6 层办公楼网络布线水平子系统施工，线槽明装敷设。水平布线主要材料有线槽、线槽配件、线缆等。具体统计表如表 5-9 所示。

表 5-9 一层网络信息点材料统计表

材料 信息点	4-UTP 双绞线/m	PVC 线槽/m		20×10/个			60×22/个		
		20×10	60×22	阴角	阳角	直角	阴角	阳角	堵头
101-1	64	4	60	1	0	0	0	0	1
101-2	60	4	0	0	0	1	0	0	0
102-1	60	0	0	0	0	0	0	0	0
102-2	56	4	0	0	1	0	0	0	0
103	52	4	0	0	0	1	2	2	0
104	48	4	0	1	0	0	0	0	0
105	44	4	0	1	0	0	0	0	0
106-1	44	0	0	0	0	0	0	0	0
106-2	40	4	0	1	1	0	0	0	0
107	36	4	0	0	0	1	2	2	0
108	32	4	0	1	0	0	0	0	0
109	28	4	0	0	0	1	0	0	0
110	24	4	0	0	0	1	0	0	0
合计	588	44	60	5	2	5	4	4	1

根据表 5-9 逐个列出 2～6 层布线统计表，然后进行总计，计算出整栋楼水平布线的数量。

2. 水平子系统的设计实例

1）墙面暗埋管线施工图

在设计水平子系统的埋管图时，一定要根据设计信息点的数量，从而确定埋管规格。如图 5-8 所示，每个房间安装两个信息插座，每侧墙面上安装两个信息插座。

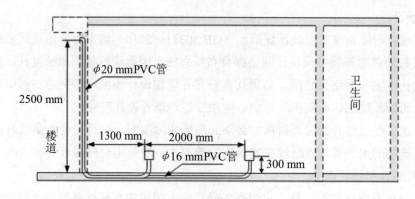

图5-8 墙面暗埋管线施工图

注意：预埋在墙体中间暗管的最大管外径不宜超过 50 mm，楼板中暗管的最大管外径不宜超过 25 mm，室外管道进入建筑物的最大管外径不宜超过 100 mm。

2）墙面明装线槽施工图

水平子系统明装线槽安装时要保持线槽的水平，必须确定统一的高度。如图 5-9 所示的墙面明装线槽施工图。

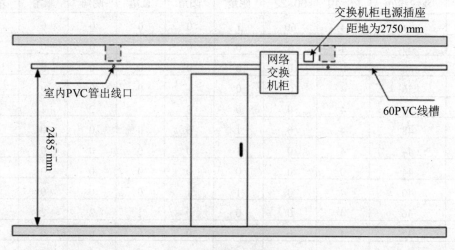

图5-9 墙面明装线槽施工图

3）地面线槽敷设施工图

地面线槽敷设就是从楼层管理间引出的线缆走地面线槽到地面出线盒，或由分线盒引出的支管到墙上的信息出口，如图 5-10 所示。由于地面出线盒或分线盒不依赖于墙或柱体直接走地面垫层，因此这种布线方式适用于大开间或需要隔断的场合。

在地面线槽敷设布线方式中，把长方形的线槽打在地面垫层中，每隔 4～8 cm 设置一个过线盒或出线盒，直到信息出口的接线盒。分线盒与过线盒有两槽和三槽两类，均为正方形，每面可接两根或 3 根地面线槽，这样分线盒与过线盒能起到将 2～3 路分支线缆汇成一个主路的功能或起到 90° 转弯的功能。

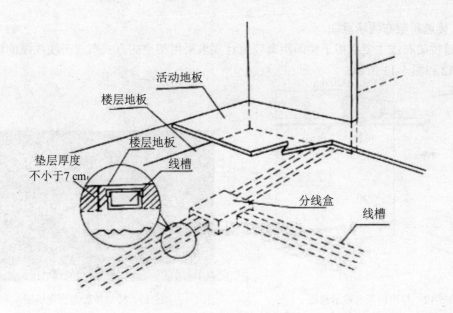

图5-10　地面线槽敷设施工图

　　要注意的是，地面线槽布线方式不适合于楼板较薄或楼板为石质地面或楼层中信息点特别多的场合。一般来说，地面线槽布线方式的造价比吊顶内线槽布线方式要贵 3～5 倍，目前主要应用在资金充裕的金融业或高档会议室等建筑物中。

📖注意：在活动地板下敷设线缆时，地板内净空应为 150～300 mm。若空调采用下送风方式，则地板内净高应为 300～500 mm。

　　4）吊顶上架空线槽布线施工图
　　吊顶上架空线槽布线就是由楼层管理间引出来的线缆先走吊顶内的线槽，到各房间后，经分支线槽从槽梁式电缆管道分叉后将电缆穿过一段支管引向墙壁，沿墙而下到房内信息插座的布线方式，如图 5-11 所示。

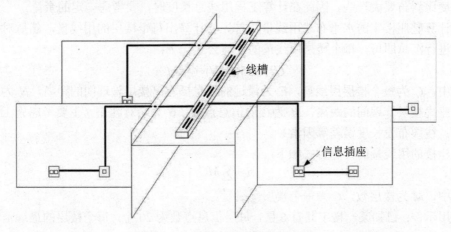

图5-11　吊顶上架空线槽布线施工图

5）楼道桥架布线示意图

楼道桥架布线主要应用于楼间距离较短且要求采用架空的方式布放干线线缆的场合，如图5-12和图5-13所示。

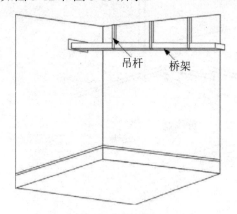

图5-12 楼道桥架布线示意图

图5-13 楼道桥架布线现场图

3. 水平子系统的工程技术

1）水平子系统的标准要求

《综合布线系统工程设计规范》（GB 50311—2016）国家标准第6章安装工艺要求内容中，对水平子系统布线的安装工艺提出了具体要求。水平子系统线缆宜采用在吊顶、墙体内穿管或设置金属密封线槽及开放式（电缆桥架、吊挂环等）敷设，当线缆在地面布放时，应根据环境条件选用地板下线槽、网络地板、高架（活动）地板布线等安装方式。

2）水平子系统的布线距离的计算

在《综合布线系统工程设计规范》（GB 50311—2016）中，规定水平布线系统永久链路的长度不能超过90 m，只有个别信息点的布线长度会接近这个最大长度，一般设计的平均长度都在60 m左右。在实际工程应用中，因为拐弯、中间预留、线缆缠绕、与强电避让等原因，实际布线的长度往往会超过设计长度。如土建墙面的埋管一般是直角拐弯，实际布线长度比斜角要大一些。因此在计算工程用线总长度时，要考虑一定的余量。

要计算整座楼宇的水平布线用线量，首先要计算出每个楼层的用线量，然后对各楼层用线量进行汇总即可。每个楼层用线量的计算公式如下：

$$C=[0.55(F+N)+6]\times M$$

式中，C 为每个楼层用线量，F 为最远的信息插座离楼层管理间的距离，N 为最近的信息插座离楼层管理间的距离，M 为楼层信息点数，6为端对容差（主要考虑施工时线缆的损耗、线缆布设长度误差等因素）。

整座楼的用线量的计算公式如下：

$$S=\sum MC$$

式中，M 为楼层数，C 为每个楼层用线量。

应用示例：已知某一楼宇共有6层，每层信息点数为20个，每个楼层的最远信息插座离楼层管理间的距离均为60 m，每个楼层的最近信息插座离楼层管理间的距离均为10 m，请估算出整座楼宇的用线量。

解答：根据题目要求知道，楼层信息点数 M=20，最远的信息插座离楼层管理间的距离 F=60 m，最近的信息插座离楼层管理间的距离 N=10 m。因此，每层楼用线量 C=[0.55(60+10)+6]×20=890 m，整座楼共 6 层，因此整座楼的用线量 S=890×6=5340 m。

3）水平子系统的布线曲率半径

布线施工中布线曲率半径直接影响永久链路的测试指标，多次的实验和工程测试经验表明，如果布线弯曲半径小于表 5-4 规定的标准时，永久链路测试不合格，特别是六类布线系统中，曲率半径对测试指标影响非常大。

布线施工中穿线和拉线时线缆拐弯曲率半径往往是最小的，一个不符合曲率半径的拐弯经常会破坏整段线缆的内部物理结构，甚至严重影响永久链路的传输性能，在竣工测试中，永久链路会有多项测试指标不合格，而且这种影响经常是永久性的，无法恢复的。

在布线施工拉线过程中，线缆宜与管中心线尽量相同，如图 5-14 所示，以现场允许的最小角度按照 A 方向或者 B 方向拉线，保证线缆没有拐弯，保持整段线缆的曲率半径比较大，这样不仅施工轻松，而且能够避免线缆护套和内部结构的破坏。

在布线施工拉线过程中，线缆不要与管口形成 90°拉线，如图 5-15 所示，这样就在管口形成了一个 90°直角的拐弯，不仅施工拉线困难费力，而且容易造成线缆护套和内部结构的破坏。

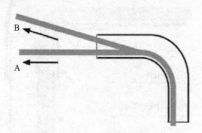

图5-14 正确拉线方向

图5-15 不正确拉线方向

在布线施工拉线过程中，必须坚持直接手持拉线，不允许将线缆缠绕在手中或者工具上拉线，也不允许用钳子夹住线缆中间拉线，这样操作时缠绕部分的曲率半径会非常小，导致夹持部分结构变形，直接破坏线缆内部结构或者护套。

如果遇到线缆距离很长或拐弯很多，手持拉线非常困难时，可以将线缆的端头捆扎在穿线器端头或铁丝上，用力拉穿线器或丝。线缆穿好后将受过捆扎部分的线缆剪掉。

穿线时，一般从信息点向楼道或楼层机柜穿线，一端拉线，另一端必须有专人放线和护线，保持线缆在管入口处的曲率半径比较大，避免线缆在入口或者箱内打折形成死结或者曲率半径很小。

4）水平子系统暗埋线缆的安装和施工

水平子系统暗埋线缆施工程序一般如下：土建埋管→穿钢丝→安装底盒→穿线→标记→压接模块→标记。

墙内暗埋管一般使用 Φ16 mm 或 Φ20 mm 的穿线管，Φ16 mm 管内最多穿两条网络双绞线，Φ20 mm 管内最多穿 3 条网络双绞线。

金属管一般使用专门的弯管器成型，拐弯半径比较大，能够满足双绞线对曲率半径的要求。在钢管现场截断和安装施工中，必须清理干净截断时出现的毛刺，保持截断端面的光滑，两根钢管对接时必须保持接口整齐，没有错位，焊接时不要焊透管壁，避免在管内形成焊渣。金属管内的毛刺、错口、焊渣、垃圾等都会影响穿线，甚至损伤线缆的护套或内部结构。

墙内暗埋 Φ16 mm、Φ20 mmPVC 塑料布线管时，要特别注意拐弯处的曲率半径。宜用弯管器现场制作大拐弯的弯头连接，这样既能保证线缆的曲率半径，又方便轻松拉线，降低布线成本，保护线缆结构。

图 5-16 以在直径 20 mm 的 PVC 管内穿线为例进行计算和说明曲率半径的重要性。按照 GB 50311 国家标准的规定，非屏蔽双绞线的拐弯曲率半径不小于电缆外径的 4 倍。电缆外径按照 6 mm 计算，拐弯半径必须大于 24 mm。

拐弯连接处不宜使用市场上购买的弯头。目前，市场上没有适合网络综合布线使用的大拐弯 PVC 弯头，只有适合电气和水管使用的 90° 弯头，因为塑料件注塑脱模原因，无法生产大拐弯的 PVC 塑料弯头。图 5-17 表示了市场上购买的 Φ20 mm 电气穿线管弯头在拐弯处的曲率半径，拐弯半径只有 5 mm，只有 5/6=0.83 倍，远远低于标准规定的 4 倍。

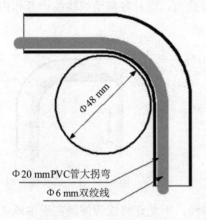

图5-16　较大曲率半径

图5-17　较小曲率半径

5）水平子系统明装线槽布线的施工

水平子系统明装线槽布线施工一般从安装信息点插座底盒开始，程序如下：安装底盒→钉线槽→布线→装线槽盖板→压接模块→标记。

墙面明装布线时宜使用 PVC 线槽，这样拐弯处曲率半径容易保证，如图 5-18 所示。图 5-18 中以宽度 20 mm 的 PVC 线槽为例说明单根直径 6 mm 的双绞线线缆在线槽中最大弯曲情况和布线最大曲率半径值为 45 mm（直径 90 mm），布线弯曲半径与双绞线外径的最大倍数为45/6=7.5 倍。

安装线槽时，首先在墙面测量并且标出线槽的位置，

图5-18　线槽处曲率半径

在建工程以 1 m 线为基准，保证水平安装的线槽与地面或楼板平行，垂直安装的线槽与地面或楼板垂直，没有可见的偏差。

拐弯处宜使用 90°弯头或者三通，线槽端头安装专门的堵头。

线槽布线时，先将线缆布放到线槽中，边布线边装盖板，在拐弯处保持线缆有比较大的拐弯半径。完成安装盖板后，不要再拉线，如果拉线力量过大会改变线槽拐弯处的线缆曲率半径。安装线槽时，用水泥钉或者自攻丝把线槽固定在墙面上，固定距离为 300 mm 左右，必须保证长期牢固。两根线槽之间的接缝必须小于 1 mm，盖板接缝宜与线槽接缝错开。

6）水平子系统桥架布线的施工

水平子系统桥架布线施工一般用在楼道或者吊顶上，程序如下：画线确定位置→装支架（吊竿）→装桥架→布线→装桥架盖板→压接模块→标记。

水平子系统在楼道墙面宜安装比较大的塑料线槽，例如宽度 60 mm、100 mm、150 mm 的白色 PVC 塑料线槽，具体线槽高度必须按照需要容纳双绞线的数量来确定，选择常用的标准线槽规格，不要选择非标准规格。安装方法是首先根据各个房间信息点出线管口在楼道的高度，确定楼道的线槽安装高度并且画线；其次按照 2～3 处/m 将线槽固定在墙面，楼道线槽的高度宜遮盖墙面管出口，并且在线槽遮盖的管出口处开孔，如图 5-19 所示。

如果各个信息点管出口在楼道的高度偏差太大时，宜将线槽安装在管出口的下边，将双绞线通过弯头引入线槽，这样施工方便，外形美观，如图 5-20 所示。

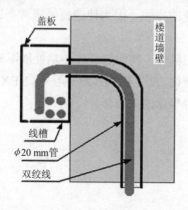

图5-19　线槽高度遮盖墙面管出口

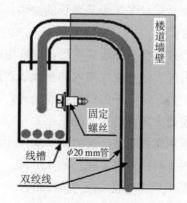

图5-20　线槽安装在管出口下方

将楼道全部线槽固定好以后，再将各个管口的出线逐一放入线槽，边放线边盖板，放线时注意拐弯处保持比较大的曲率半径。

在楼道墙面安装金属桥架时，安装方法也是首先根据各个房间信息点出线管口在楼道的高度，确定楼道桥架安装高度并且画线；其次安装 L 形支架或者三角形支架，按照每米 2～3 个最后在支架安装完毕后，用螺栓将桥架固定在每个支架上，并且在桥架对应的管出口处开孔，如图 5-21 所示。

如果各个信息点管出口在楼道的高度偏差太大时，也可以将桥架安装在管出口的下边，将双绞线通过弯头引入桥架，这样施工方便，外形美观。

在楼板吊装桥架时，首先确定桥架安装高度和位置，并且安装膨胀螺栓和吊杆；其次安装挂板和桥架，同时将桥架固定在挂板上；最后在桥架上开孔和布线，如图 5-22 所示。

线缆引入桥架时，必须穿保护管，并且保持比较大的曲率半径。

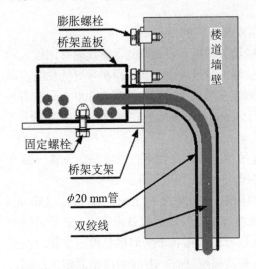

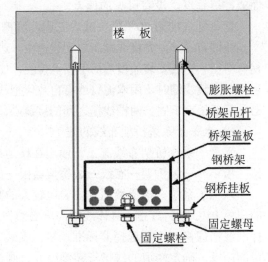

图5-21　楼道墙面安装金属桥架时　　　　图5-22　楼板吊装桥架时

7）布线拉力

拉线缆的速度，从理论上讲，线的直径越小，则拉线的速度越快。但是，有经验的安装者一般会采取慢速而又平稳的拉线，而不是快速的拉线，因为快速拉线通常会造成线的缠绕或被绊住。

拉力过大会导致线缆变形，破坏电缆对绞的匀称性，将引起线缆传输性能下降。

拉力过大还会使线缆内的扭绞线对层数发生变化，严重影响线缆抗噪声（NEXT、FEXT等）的能力，从而导致线对扭绞松开，甚至可能对导体造成破坏。

线缆最大允许的拉力如下：

一根 4 对线电缆，拉力为 100 N。

二根 4 对线电缆，拉力为 150 N。

三根 4 对线电缆，拉力为 200 N。

N 根线对电缆，拉力为 $N \times 5 + 50$ N。

不管多少根线对电缆，最大拉力不能超过 400 N。

8）电力电缆距离

在水平子系统布线施工中，必须考虑与电力电缆之间的距离，不仅要考虑墙面明装的电力电缆，更要考虑在墙内暗埋的电力电缆。

9）施工安全

安全施工是施工过程的重中之重。施工现场工作人员必须严格按照安全生产、文明施工的要求，积极推行施工现场的标准化管理，按施工组织设计，科学组织施工。施工现场全体人员必须严格执行《建筑安装工程安全技术规程》和《建筑安装工人安全技术操作规程》。

使用电气设备、电动工具应有可靠保护接地，随身携带和使用的工具应搁置于顺手稳妥的地方，防发生伤人事故。

在综合布线施工过程中，使用电动工具的情况比较多，如使用电锤打过墙洞、开孔安装线槽等工作。在使用电锤前必须先检查一下工具的情况，在施工过程中不能用身体顶住电锤。在打过墙洞或开孔时，一定先确定梁的位置，并且错过梁，否则打不通且延误工期，同时确定墙面内是否有其他线路，如强电线路等。

使用充电式电钻/起子的注意事项如下。

（1）电钻属于高速旋转工具，600 转/min，必须谨慎使用，保护人身的安全。

（2）禁止使用电钻在工作台、实验设备上打孔。

（3）禁止使用电钻玩耍或者开玩笑。

（4）首次使用电钻时，必须阅读说明书，并且在老师指导下进行。

（5）装卸劈头或者钻头时，必须注意旋转方向开关。逆时针方向旋转卸钻头，顺时针方向旋转拧紧钻头或者劈头。

将钻头装进卡盘时，请适当地旋紧套筒。如不将套筒旋紧的话，钻头将会滑动或脱落，从而引起人体受伤事故。

（6）请勿连续使用充电器。每充完一次电后，需等 15 min 左右让电池降低温度后再进行第二次充电。每个电钻配有两块电池，一块使用，一块充电，轮流使用。

（7）电池充电不可超过 1 h。大约 1 h，电池即可完全充满。因此，应立即将充电器电源插头从交流电插座上拔出。观察充电器指示灯，红灯显示正在充电。

（8）切勿使电池短路。电池短路时，会造成很大的电流和过热，从而烧坏电池

（9）在墙壁、地板或天花板上钻孔时，请检查这些地方，确认没有暗埋的电线和钢管等东西。

（10）常见规格和技术参数，如表 5-10 所示。

表 5-10　电钻常见规格与参数

无负荷状态下的速度			600 转/min
能力	钻孔	木材	10 mm
		金属	钢、铝：10 mm
	驱动	木螺丝	4.5 mm（直径）20 mm（长）

在施工中使用的高凳、梯子、人字梯、高架车等，在使用前必须认真检查其牢固性。梯外端应采取防滑措施，并不得垫高使用。在通道处使用梯子，应有人监护或设围栏。人字梯距梯脚 40～60 cm 处要设拉绳，施工中，不准站在梯子最上一层工作，且严禁在这上面放工具和材料。

当发生安全事故时，由安全员负责查原因，提出改进措施，且上报项目经理，由项目经理与有关方面协商处理；发生重大安全事故时，公司应立即报告有关部门和业主，按政府有关规定处理，做到四不放过，即事故原因不明不放过、事故不查清责任不放过、事故不吸取教训不放过、事故不采取措施不放过。

安全生产领导小组负责现场施工技术安全的检查和督促工作，并做好记录。

5.1.3 任务实施

（1）使用 PVC 线管设计一种教学楼从信息点到楼层机柜的水平子系统，并且绘制施工图。3～4 人成立一个项目组，选举项目负责人，每人设计一种学生宿舍水平子系统布线图，并且绘制图纸。项目负责人指定一种设计方案进行实训。

（2）按照设计图，核算实训材料规格和数量，掌握工程材料核算方法，列出材料清单。

（3）按照设计图需要，列出实训工具清单，领取实训材料和工具。

（4）首先在需要的位置安装管卡；然后安装 PVC 管，两根 PVC 管连接处使用管接头，拐弯处必须使用弯管器制作大拐弯的弯头连接。

（5）明装布线实训时，边布管边穿线。暗装布线时，先把全部管和接头安装到位，并且固定好，然后从一端向另一端穿线。

（6）布管和穿线后，必须做好线标，如图 5-23 所示。

图5-23　网络综合水平布线

5.1.4 任务拓展

1. 桥架安装

1）任务目的

（1）掌握桥架在水平子系统中的应用。

（2）掌握支架、桥架、弯头、三通等的安装方法。

（3）通过核算、列表、领取材料和工具，训练规范施工的能力。

2）任务要求

（1）设计一种桥架布线路径和方式，并且绘制施工图。

（2）按照施工图，核算实训材料规格和数量，列出材料清单。

（3）准备实训工具，列出实训工具清单，独立领取实训材料和工具。

（4）独立完成桥架安装和布线。

3）材料和工具

（1）宽度 100 mm 的金属桥架、弯头、三通、三角支架、固定螺丝、网线若干。

（2）电动起子、十字头螺丝刀、M6×16 十字头螺钉、登高梯子、卷尺。

4）设备

网络综合布线实训装置。12 个模块组成"丰"字形结构，构成 12 个角区域，能够满足 12 组学生同时进行 12 个工作区子系统的实训。实训设备上预制有螺丝孔，可无尘操作，能够进行万次以上的实训。

5）任务实施

（1）设计一种桥架布线路径，并且绘制施工图。3～4 人成立一个项目组，选举项目负责人，项目负责人指定一种设计方案进行实训。

（2）按照设计图，核算实训材料规格和数量，掌握工程材料核算方法，列出材料清单。

（3）按照设计图需要，列出实训工具清单，领取实训材料和工具。

（4）固定支架安装。用 M6×16 螺钉把支架固定在实训装置。

（5）桥架部件组装和安装。用 M6×16 螺钉把桥架固定在三角支架上。

（6）在桥架内布线，边布线边装盖板，如图 5-24 所示。

图5-24　桥架安装

2. 布线曲率半径工程技术实训

1）任务目的

（1）掌握线缆布线曲率半径要求。

（2）掌握网络测试仪的使用方法。

2）任务要求

（1）设计多种不同曲率半径布线路径和方式，并且设计实训图和测试记录表。

（2）按照设计图进行实训和测试，记录和分析测试结果。

3）材料和工具

（1）网络双绞线、RJ-45 水晶头网线若干。

（2）网络测试仪。

4）设备

（1）1 套网络综合布线实训装置。

（2）1 套曲率半径实验仪。曲率半径实验仪由不同曲率半径圆柱组成，能够非常方便和准确地模拟线缆的各种曲率半径，如图 5-25 所示。

（3）网络测试仪。

图5-25　曲率半径实验

5）任务实施

（1）设计多种不同曲率半径布线路径和方式，并且设计实训图和测试记录表。

（2）按照设计图实训和测试。

（3）详细记录不同曲率半径时线缆测试数据。

（4）分析测试数据，并且与国家标准规定进行比较。

3. 布线拉力实验

1）任务目的

（1）掌握线缆布线拉力要求和对布线工程的影响。

（2）掌握网络测试仪的使用方法。

2）任务要求

（1）设计不同拉力实验方案和实验记录表。

（2）按照设计方案进行实训和测试，记录和分析测试结果。

3）材料和工具

网络双绞线、RJ-45 水晶头网线若干。

4）设备

（1）1 套网络综合布线实训装置。

（2）1 套布线拉力实验仪。布线拉力实验仪由不同曲率半径圆柱和承重块组成，能够非常方便和准确地给线缆施加拉力，如图 5-26 所示。

（3）网络测试仪。

5）任务实施

（1）设计不同拉力实验方案和实验记录表。

（2）按照设计方案进行实训和测试，详细记录不同拉力情况下，线缆的测试结果。

图5-26　拉力实验

（3）分析测试数据，并且与国家标准规定进行比较。

子任务 5.2　垂直布线

5.2.1　任务分析

1. 任务目的

（1）通过垂直子系统布线路径和距离的设计，熟练掌握水平子系统的设计。

（2）通过线槽的安装和穿线等，熟练掌握水平子系统的施工方法。

（3）通过核算、列表、领取材料和工具，训练规范施工的能力。

2. 任务要求

（1）设计一种垂直子系统的布线路径和方式，并且绘制施工图。

（2）按照设计图，核算实训材料规格和数量，掌握工程材料核算方法，列出材料清单。

（3）按照设计图，准备实训工具，列出实训工具清单，独立领取实训材料和工具。

（4）独立完成垂直子系统线槽安装和布线方法，掌握 PVC 线槽、盖板、阴角、阳角、三通的安装方法和技巧，如图 5-27 所示。

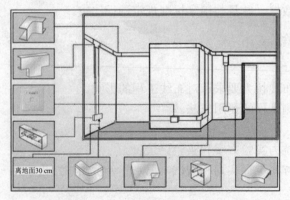

图5-27　线槽配件安装示意图

3．材料和工具

（1）宽度 20 mm 或者 40 mm 的 PVC 线槽、盖板、阴角、阳角、三通若干。

（2）电动起子、十字头螺丝刀、M6×16 十字头螺钉。

（3）登高梯子、编号标签。

5.2.2　相关知识

1．垂直子系统的基本概念

垂直子系统是综合布线系统中非常关键的组成部分，它由设备间子系统与管理间子系统的引入口之间的布线组成，采用大对数电缆或光缆，如图 5-28 所示。它是建筑物内综合布线的主干线缆，是楼层配线间与设备间之间垂直布放（或空间较大的单层建筑物的水平布线）线缆的统称。

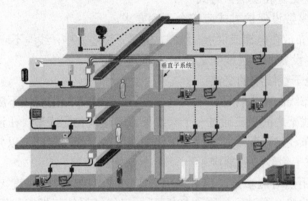

图5-28　垂直子系统示意图

2．垂直子系统的设计

1）设计步骤

垂直子系统设计时首先进行需求分析，与用户进行充分的技术交流和了解建筑物用途；其次认真阅读建筑物设计图纸，确定管理间位置和信息点数量；再次进行初步规划和设计，确定每条垂直系统布线路径；最后进行确定布线材料规格和数量，列出材料规格和数量统计表。一般工作流程如下：需求分析→技术交流→阅读建筑物图纸→规划和设计→完成材料规格和数量统计表。

2）垂直子系统的规划和设计

垂直子系统的线缆直接连接着几十或几百个用户，因此一旦干线电缆发生故障，则影响巨大。为此，我们必须十分重视干线子系统的设计工作。

根据综合布线的标准及规范，应按下列设计要点进行垂直子系统的设计工作。

（1）确定干线线缆类型及线对。垂直子系统所需要的电缆总对数和光纤总芯数应满足工程的实际需求，并留有适当的备份容量。主干线缆宜设置电缆与光缆，并互相作为备份路由。

（2）垂直子系统路径的选择。主干线缆宜采用点对点端接，也可采用分支递减端接。

如果电话交换机和计算机主机设置在建筑物内不同的设备间，宜采用不同的主干线缆来分别满足语音和数据的需要。

在同一层若干管理间（电信间）之间宜设置干线路由。

（3）线缆容量配置。主干电缆和光缆所需的容量要求及配置应符合以下规定。

① 对于语音业务，大对数主干电缆的对数应按每一个电话 8 位模块通用插座配置 1 对线，并在总需求线对的基础上至少预留约 10% 的备用线对。

② 对于数据业务应以集线器（HUB）或交换机（SW）群（按 4 个 HUB 或 SW 组成 1 群），或以每个 HUB 或 SW 设备设置 1 个主干端口配置。每 1 群网络设备或每 4 个网络设备宜考虑 1 个备份端口。主干端口为电端口时，应按 4 对线容量；为光端口时则按 2 芯光纤容量配置。

③ 当工作区至电信间的水平光缆延伸至设备间的光配线设备（BD／CD）时，主干光缆的容量应包括所延伸的水平光缆光纤的容量在内。

3）垂直子系统线缆敷设保护方式

垂直子系统线缆敷设保护方式应符合下列要求。

（1）线缆不得布放在电梯或供水、供气、供暖管道竖井中，线缆不应布放在强电竖井中。

（2）电信间、设备间、进线间之间干线通道应沟通。

4）垂直子系统干线线缆的交接

为了便于综合布线的路由管理，干线电缆、干线光缆布线的交接不应多于两次。从楼层配线架到建筑群配线架之间只应通过一个配线架，即建筑物配线架（在设备间内）。当综合布线只用一级干线布线进行配线时，放置干线配线架的二级交接间可以并入楼层配线间。

5）垂直子系统干线线缆的端接

干线线缆可采用点对点端接，也可采用分支递减端接以及线缆直接连接。点对点端接是最简单、最直接的接合方法，如图 5-29 所示。干线子系统每根干线线缆直接延伸到指定的楼层配线管理间或二级交接间。干线线缆采用分支递减端接，如图 5-30 所示。

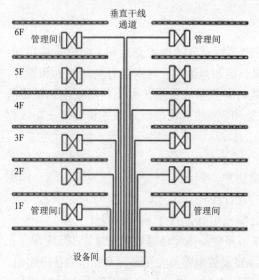

图5-29　干线线缆点对点端接方式

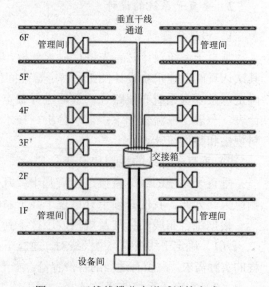

图5-30　干线线缆分支递减端接方式

6）确定干线子系统通道规模

垂直子系统是建筑物内的主干电缆。在大型建筑物内，通常使用的干线子系统通道是由一连串穿过配线间地板且垂直对准的通道组成，穿过弱电间地板的线缆井和线缆孔，如图 5-31 和图 5-32 所示。

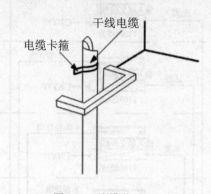

图5-31　线缆井

图5-32　线缆穿过弱电间地板的线缆井和线缆孔

3. 垂直子系统的设计实例

1）垂直子系统竖井位置

在设计垂直子系统时，必须先确定竖井的位置，从而方便施工的进行。竖井位置图纸的设计如图 5-33 和图 5-34 所示。

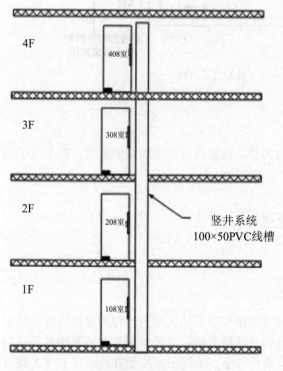

图5-33　竖井位置PVC线槽布线方式

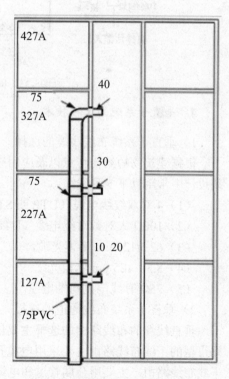

图5-34　竖井位置PVC线管布线方式

2）布线系统示意图

综合布线系统规划、设计中往往需要设计一些布线系统图,垂直系统布线设计如图 5-35 所示。

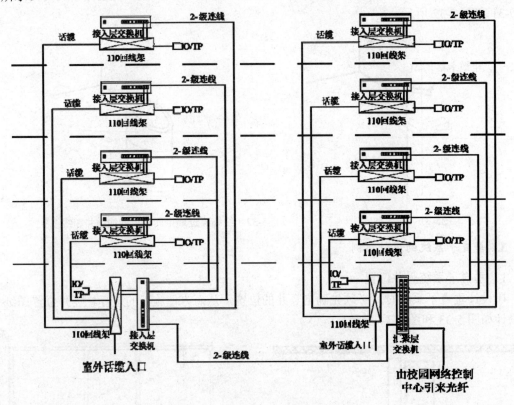

图5-35　网络、电话系统布线系统图

4. 垂直子系统的工程技术

1）垂直子系统布线线缆的选择

根据建筑物的结构特点以及应用系统的类型,决定选用干线线缆的类型。在干线子系统设计中常用以下 5 种线缆。

（1）4 对双绞线电缆（UTP 或 STP）。

（2）100Ω 大对数对绞电缆（UTP 或 STP）。

（3）62.5/125 μm 多模光缆。

（4）8.3 / 125 μm 单模光缆。

（5）75Ω 有线电视同轴电缆。

2）垂直子系统布线通道的选择

垂直线缆的布线路由的选择主要依据建筑的结构以及建筑物内预埋的管道而定。目前垂直型的干线布线路由主要采用电缆孔和电缆井两种方法。对于单层平面建筑物水平型的干线布线路由,主要用金属管道和电缆托架两种方法。干线子系统垂直通道有下列 3 种方式可供选择。

（1）电缆孔方式。通道中所用的电缆孔是很短的管道，通常用一根或数根外径 63～102 mm 的金属管预埋在楼板内，金属管高出地面 25～50 mm，也可直接在地板中预留一个大小适当的孔洞。

（2）管道方式：包括明管或暗管敷设。

（3）电缆竖井方式。在新建工程中，推荐使用电缆竖井的方式。电缆井是指在每层楼板上开出一些方孔，一般宽度为 30 cm，并有 2.5 cm 高的井栏，具体大小要根据所布线的干线电缆数量而定。

3）垂直子系统线缆敷设方式

垂直干线是建筑物的主要线缆，它为从设备间到每层楼上的管理间之间传输信号提供通路。垂直子系统的布线方式有垂直型的，也有水平型的，这主要根据建筑的结构而定。大多数建筑物都是垂直向高空发展的，因此很多情况下会采用垂直型的布线方式。

在新的建筑物中，通常利用竖井通道敷设垂直干线。

在竖井中敷设垂直干线一般有两种方式：向下垂放线缆和向上牵引线缆。相比较而言，向下垂放比向上牵引容易。

（1）向下垂放线缆的一般步骤。

① 把线缆卷轴放到最顶层。

② 在离房子的开口（孔洞处）3～4 m 处安装线缆卷轴，并从卷轴顶部馈线。

③ 在线缆卷轴处安排所需的布线施工人员（人数视卷轴尺寸及线缆质量而定），另外，每层楼上要有一个工人，以便引寻下垂的线缆。

④ 旋转卷轴，将线缆从卷轴上拉出。

⑤ 将拉出的线缆引导进竖井中的孔洞。在此之前，先在孔洞中安放一个塑料的套状保护物，以防止孔洞不光滑的边缘擦破线缆的外皮。

⑥ 慢慢地从卷轴上放线缆并进入孔洞向下垂放，注意速度不要过快。

⑦ 继续放线，直到下一层布线人员将线缆引到下一个孔洞。

⑧ 按前面的步骤继续慢慢地放线缆，并将线缆引入各层的孔洞，直至线缆到达指定楼层进入横向通道。

（2）向上牵引线缆的一般步骤。

向上牵引线缆需要使用电动牵引绞车，其主要步骤如下。

① 按照线缆的质量，选定绞车型号，并按绞车制造厂家的说明书进行操作。先往绞车中穿一条绳子。

② 启动绞车，并往下垂放一条拉绳（确认此拉绳的强度能保护牵引线缆），直到安放线缆的底层。

③ 如果线缆上有一个拉眼，则将绳子连接到此拉眼上。

④ 启动绞车，慢慢地将线缆通过各层的孔向上牵引。

⑤ 线缆的末端到达顶层时，停止绞车。

⑥ 在地板孔边沿上用夹具将线缆固定。

⑦ 当所有连接制作好之后，从绞车上释放线缆的末端。

5.2.3 任务实施

1. PVC 线槽安装

（1）使用 PVC 线槽设计一种从信息点到楼层机柜的垂直子系统，并且绘制施工图。3~4 人成立一个项目组，选举项目负责人，每人设计一种水平子系统布线图，并且绘制图纸。项目负责人指定一种设计方案进行实训。

（2）按照设计图，核算实训材料规格和数量，掌握工程材料核算方法，列出材料清单。

（3）按照设计图需要，列出实训工具清单，领取实训材料和工具。

（4）首先量好线槽的长度，再使用电动起子在线槽上开 8 mm 孔，如图 5-36 所示。孔位置必须与实训装置安装孔对应，每段线槽至少开两个安装孔。

（5）用 M6×16 螺钉把线槽固定在实训装置上，如图 5-37 所示。拐弯处必须使用专用接头，例如阴角、阳角、弯头、三通等，不宜用线槽制作。

（6）在线槽布线，边布线边装盖板，如图 5-38 所示。

图5-36　线槽开孔　　　　　图5-37　线槽固定　　　　　图5-38　边布线边盖板

（7）布线和盖板后，必须做好线标。

2. 工程经验

1）路径的勘察

水平子系统的布线工作开始之前，我们首先要勘察施工现场，确定布线的路径和走向，避免盲目施工给工程带来浪费和拖延工期。

2）线槽/线管的敷设

水平子系统的主干线槽敷设一般都是明装在建筑物过道的两侧或是吊顶之上，这样便于施工和检修。而入户部分有暗埋和明装两种。暗埋时多为 PVC 线管或钢管，明装时使用 PVC 线管或线槽。

在过道墙面敷设线槽时，为了线槽保持水平，我们一般先用墨斗放线，然后用电锤打眼安装木楔子之后才开始安装明装线槽。

在吊顶上安装线槽或桥架时，必须在吊顶之前完成安装吊杆或支架以及布线工作。

3）布线时携带的工具

水平子系统布线时，一般在楼道内敷设高度比较高，需要携带梯子。

在入户时，暗管内土建方都留有牵引钢丝，但是有时拉牵引钢丝时会难以拉出，或牵引钢丝留得太短而拉不住，这样就需要我们携带老虎钳，用老虎钳夹住牵引钢丝将线拉出。

4）布线拉线速度和拉力

水平子系统布线时，拉线缆的速度，从理论上讲，线的直径越小，则拉线的速度越快。但是，有经验的安装者一般会采取慢速而又平稳的拉线，而不是快速的拉线，因为快速拉线通常会造成线的缠绕或被绊住，使施工进度缓慢。另外，在从卷轴上拉出线缆时，要注意线缆可能会打结。线缆打结就应视为损坏，应更换线缆。拉力过大，会导致线缆变形，破坏线缆对绞的匀称性，将引起线缆传输性能下降。

5）阴角、阳角、堵头的使用

在完成水平子系统布线后，扣线槽盖板时，在敷设线槽有拐弯的地方需要使用相应规格的阴角、阳角，线槽两端需要使用堵头，使其美观。

6）双绞线的传输距离

无论是 10Base-T 和 100Base-TX 标准，还是 1000Base-T 标准，都明确表明最远传输距离为 100 m。在综合布线规范中，也明确要求水平布线不能超过 90 m，链路总长度不能超过 100 m。也就是说，100 m 对于有线以太网而言是一个极限。

7）信息插座的安装

信息插座安装在户外主要是针对旧住宅楼增加信息点的情况。由于住户各家的装修不同，家具摆放位置也有所不同，信息点入户施工会对住户带来不必要的麻烦，例如破坏装修、搬移家具等，所以将信息插座安装在楼道住户门口，入户由户主自己处理。

5.2.4　任务拓展

1．任务目的

掌握钢缆扎线垂直子系统。

2．任务要求

（1）计算和准备好实验需要的材料和工具。

（2）完成竖井内钢缆扎线实验，合理设计和施工布线系统。

（3）垂直布线平直、美观，扎线整齐合理。

（4）掌握垂直子系统支架、钢缆和扎线的方法和技巧。

（5）掌握活扳手、U 形卡、线扎等工具和材料的使用方法和技巧。

（6）掌握扎线的间距要求。

3．设备

（1）竖井。

（2）活扳手、U 形卡、线扎等。

（3）支架、钢缆。

4. 任务实施

（1）规划和设计布线路径，确定在建筑物竖井内安装支架和钢缆的位置和数量。

（2）计算和准备实验材料和工具。

（3）安装和布线，如图 5-39 所示。

图5-39　垂直子系统钢缆扎线

实训楼综合布线技术与施工

随着高校信息技术服务能力的提升，高校专门为提高学生技术水平的实训楼上网信息点数量要求越来越多，也越来越集中。本任务重点介绍整幢建筑中管理某房间或某楼层的管理间技术、管理整幢楼房设备与配线接入的设备间技术及进线间相关内容。

子任务 6.1　管理间子系统的壁挂式机柜的安装

近年来，随着网络的发展和普及，在新建的建筑物中每层都考虑管理间，并给网络等留有弱电竖井，以便于安装网络机柜等管理设备。

6.1.1　任务分析

某高校实训楼跨层管理间安装如图 6-1 所示。该实训楼水平子系统采用跨层布线方式，二层信息点的桥架位于大楼一层，三层信息点的桥架位于大楼二层，四层信息点的桥架位于大楼三层。从图 6.1 中我们可以看到，一、二层管理间位于大楼一层，其中一层的线缆从地面进入竖井，二层的线缆从桥架进入大楼一层竖井内，然后接入一层的管理间配线机柜。三层线缆从桥架进入二层的管理间，四层线缆从桥架进入三层的管理间。

1．任务目的

（1）通过常用壁挂式机柜的安装，了解机柜的布置原则和安装方法及使用要求。

（2）通过壁挂式机柜的安装，熟悉常用壁挂式机柜的规格和性能。

（3）通过壁挂式机柜的安装，熟悉机柜内交换机、配线架、理线架的安装。

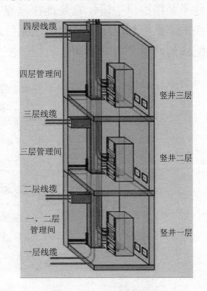

图6-1　跨层管理间安装

2. 任务要求

（1）准备实训工具，列出实训工具清单。

（2）独立领取实训材料和工具。

（3）完成壁挂式机柜的定位。

（4）完成壁挂式机柜墙面固定安装。

（5）完成壁挂式机柜内交换机安装。

（6）完成壁挂式机柜内配线架安装。

（7）完成壁挂式机柜内理线架安装。

（8）完成线缆压接和理线，并编号或标记。

3. 材料和工具

（1）壁挂式机柜。

（2）M6×16 十字螺钉用于固定壁挂式机柜，每个机柜至少使用 4 个。

（3）十字形螺钉旋具，用于固定螺钉。

（4）1U 交换机。

（5）1U 配线架。

（6）1U 理线架。

6.1.2 相关知识

1. 管理间子系统的基本概念

1）概念

管理间子系统（Administration Subsystem）由交连、互连和 I/O 组成。管理间为连接其他子系统提供手段，它是连接垂直子系统和水平子系统的设备，其主要设备是配线架、交换机、机柜和电源。管理间子系统示意图如图 6-2 所示。管理间子系统也称为电信间或者配线间，是专门安装楼层机柜、配线架、交换机和配线设备的楼层管理间。

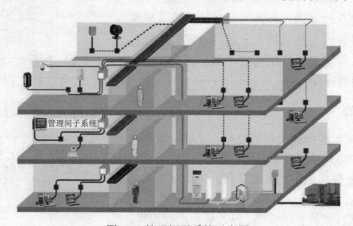

图6-2　管理间子系统示意图

　　管理间一般设置在每个楼层的中间位置，主要安装建筑物楼层配线设备，管理间子系统也是连接垂直子系统和水平子系统的设备。当楼层信息点很多时，可以设置多个管理间。

　　在综合布线系统中，管理间子系统包括了楼层配线间、二级交接间的线缆、配线架及相关接插跳线等。通过综合布线系统的管理间子系统，可以直接管理整个应用系统终端设备，从而实现综合布线的灵活性、开放性和扩展性。

　　2）管理间子系统的划分原则

　　管理间（电信间）主要为楼层安装配线设备（为机柜、机架、机箱等安装方式）和楼层计算机网络设备（集线器或交换机）的场地，并可考虑在该场地设置线缆竖井等电位接地体、电源插座、UPS配电箱等设施。管理间子系统设置在楼层配线房间，是水平系统电缆端接的场所，也是主干系统电缆端接的场所。它由大楼主配线架、楼层分配线架、跳线、转换插座等组成。用户可以在管理间子系统中更改、增加、交接、扩展线缆，从而改变线缆路由。

　　管理间子系统中以配线架为主要设备，配线设备可直接安装在19英寸机架或者机柜上。

　　管理间房间面积的大小一般根据信息点的多少安排和确定，如果信息点很多时，就应该考虑一个单独的房间来放置；如果信息点很少时，也可采取在墙面安装机柜的方式。

2. 管理间子系统的设计原则

1）管理间数量的确定

　　每个楼层一般宜至少设置1个管理间（电信间）。如果在特殊情况下，每层信息点数量较少，且水平线缆长度不大于90 m时，宜几个楼层合设一个管理间。管理间数量的设置宜按照以下原则：如果该层信息点数量不大于400个，水平线缆长度在90 m范围以内，宜设置一个管理间，当超出这个范围时宜设置两个或多个管理间。在实际工程应用中，为了方便管理和保证网络传输速度或者节约布线成本，如信息点密集且楼道较长时，可以按照100～200个信息点设置一个管理间的原则，将管理间机柜明装在楼道中。

2）管理间面积

　　《综合布线系统工程设计规范》（GB 50311—2016）中规定管理间的使用面积不应小于5 m²，也可根据工程中配线管理和网络管理的容量进行调整。一般新建楼房都有专门的垂直竖井，楼层的管理间基本都设计在建筑物竖井内，面积在3 m²左右。

3）管理间电源要求

　　管理间应提供不少于两个220 V带保护接地的单相电源插座。管理间如果安装电信管理或其他信息网络管理时，管理供电应符合相应的设计要求。

4）管理间门要求

　　管理间应采用外开丙级防火门，门宽大于0.7 m。

5）管理间环境要求

　　管理间内温度应为10～35℃，相对湿度宜为20%～80%。一般应该考虑网络交换机等设备发热对管理间温度的影响，在夏季必须保持管理间温度不超过35℃。

3. 管理间子系统的设计步骤

　　管理间子系统的设计步骤如图6-3所示。

图6-3 管理间子系统的设计步骤

1）需求分析

管理间的位置直接决定水平子系统的线缆长度，也直接决定工程总造价。为了降低工程造价，降低施工难度，也可以在同一个楼层设立多个分管理间。

2）技术交流

技术交流要充分地了解用户的需求，特别是未来的扩展需求。在交流中重点了解管理间子系统附近的电源插座、电力电缆、电器设备等情况。

3）阅读建筑物图纸和管理间编号

在阅读图纸时，应进行记录标记，避免强电或者电器设备对网络综合布线系统的影响。

管理间命名必须准确表达清楚该管理间的位置或者用途，如果出现项目投入使用后用户改变名称或者编号的情况，必须及时制作名称变更对应表，作为竣工资料保存。

4）确定设计要求

管理间数量、位置、面积确定。

4．管理间子系统的连接器件

1）铜缆连接器件

（1）110系列配线架。110A配线架采用夹跳接线连接方式，可以垂直叠放便于扩展，比较适合于线路调整较少、线路管理规模较大的综合布线场合，如图6-4所示；110P配线架采用接插软线连接方式，管理比较简单，但不能垂直叠放，较适合于线路管理规模较小的场合，如图6-5所示。

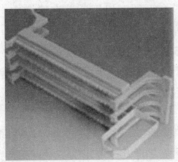

图6-4 AVAYA 110A配线架

图6-5 AVAYA 110P配线架

110A配线架由以下配件组成。

❖ 100或300对线的接线块。

❖ 3对、4对或5对线的110C连接块，如图6-6所示。

❖ 底板、理线环、标签条。

110P配线架由以下配件组成。

❖ 安装于面板上的100对线的110D型接线块。

❖ 3 对、4 对或 5 对线的 110D 连接块，如图 6-7 所示。

❖ 188C2 和 188D2 垂直底板。

❖ 188E2 水平跨接线过线槽。

❖ 管道组件、接插软线、标签条。

图6-6 110C 3对、4对、5对连接块　　　　　图6-7 110D 4对连接块

（2）RJ-45 模块化配线架。

RJ-45 模块化配线架主要用于网络综合布线系统，它根据传输性能的要求分为五类、超五类、六类模块化配线架。配线架前端面板为 RJ-45 接口，如图 6-8 所示，可通过 RJ-45-RJ-45 软跳线连接到计算机或交换机等网络设备。配线架后端为 BIX 或 110 连接器，如图 6-9 所示，可以端接水平子系统线缆或干线线缆。配线架一般宽度为 19 英寸，高度为 1～4 U，主要安装于 19 英寸机柜。模块化配线架的规格一般由配线架根据传输性能、前端面板接口数量以及配线架高度决定。

图6-8 24口模块化配线架前端面板　　　　図6-9 24口模块化配线架后端

（3）BIX 交叉连接系统。BIX 安装架可以水平或垂直叠加，可以很容易地根据布线现场要求进行扩展，适合于各种规模的综合布线系统。BIX 交叉连接系统既可以安装在墙面上，也可以使用专用套件固定在 19 英寸的机柜上。

BIX 交叉连接系统主要由以下配件组成。

① 300/250/50 线对 BIX 安装架，如图 6-10 所示。

图6-10 300/250/50线对BIX安装架

② 25 线对 BIX 连接器，如图 6-11 所示。

③ 布线管理环，如图 6-12 所示。

图6-11　25线对BIX连接器　　　　　　　　图6-12　布线管理环

④ 标签条。

⑤ BIX 跳插线和 BIX-RJ-45 端口如图 6-13 和图 6-14 所示。

图6-13　BIX跳插线　　　　　　　　图6-14　BIX-RJ-45端口

2）光纤管理器件

光纤管理器件分为光纤配线架和光纤接线箱两类。光纤配线架适合于规模较小的光纤互连场合，如图 6-15 所示。而光纤接线箱适合于光纤互连较密集的场合，如图 6-16 所示。

图6-15　光纤配线架　　　　　　　　图6-16　光纤接线箱

光纤耦合器的作用是将两个光纤接头对准并固定，以实现两个光纤接头端面的连接。常见的光纤接头有两类：ST 型和 SC 型，如图 6-17 和图 6-18 所示。光纤耦合器也分为 ST 型和 SC 型，除此之外，还有 FC 型，如图 6-19～图 6-21 所示。

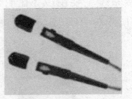

图6-17　ST型光纤接头　　　　　　　图6-18　SC型光纤接头

图6-19　ST型光纤耦合器　　　　图6-20　SC型光纤耦合器　　　　图6-21　FC型光纤耦合器

5. 管理间子系统的设计实例

1）建筑物竖井内安装方式

近年来，随着网络的发展和普及，在新建的建筑物中每层都考虑管理间，并给网络等留有弱电竖井，便于安装网络机柜等管理设备，如图 6-22 所示。这样方便设备的统一维修和管理。

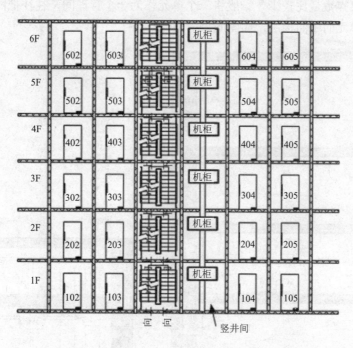

图6-22　建筑物竖井管理间安装网络机柜示意图

2）建筑物楼道明装方式

在学校宿舍信息点比较集中、数量相对多的情况下，我们考虑将网络机柜安装在楼道的两侧，如图 6-23 所示。这样可以减少水平布线的距离，同时也方便网络布线施工的进行。

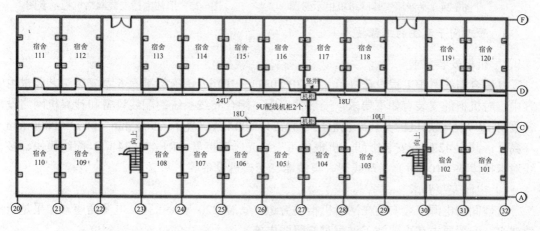

图6-23　楼道明装网络机柜示意图

105

3）建筑物楼道半嵌墙安装方式

在特殊情况下，需要将管理间机柜半嵌墙安装，机柜露在外的部分主要是便于设备的散热。这样的机柜需要单独设计、制作。具体安装如图 6-24 所示。

4）住宅楼改造增加综合布线系统

在已有住宅楼中需要增加网络综合布线系统时，一般每个住户考虑 1 个信息点，这样每个单元的信息点数量比较少，一般将一个单元作为一个管理间，往往把网络管理间机柜设计安装在该单元的中间楼层，如图 6-25 所示。

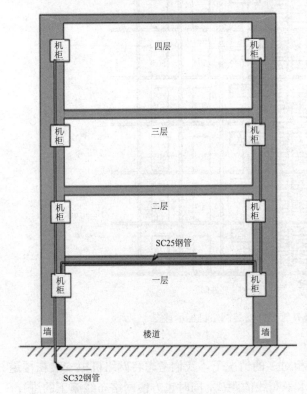

图6-24 半嵌墙安装网络机柜示意图

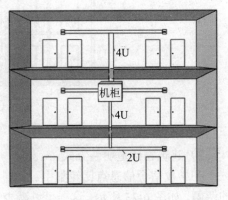

图6-25 旧住宅楼安装网络机柜示意图

6. 管理间子系统的工程技术

1）机柜安装要求

《综合布线系统工程设计规范》（GB 50311—2016）国家标准第 6 章安装工艺要求内容中，对机柜的安装有如下要求：一般情况下，综合布线系统的配线设备和计算机网络设备采用 19 英寸标准机柜安装。机柜尺寸通常为 600 mm（宽）×900 mm（深）×2000 mm（高），共有 42 U 的安装空间。机柜内可安装光纤连接盘、RJ-45（24 口）配线模块、多线对卡接模块（100 对）、理线架、集线器、交换机设备等。

2）电源安装要求

管理间的电源一般安装在网络机柜的旁边，安装 220 V（三孔）电源插座。如果是新建建筑，一般要求在土建施工过程时按照弱电施工图上标注的位置安装到位。

3）通信跳线架的安装

通信跳线架主要是用于语音配线系统。一般采用 110 跳线架，主要是上级程控交换机过来的接线与到桌面终端的语音信息点连接线之间的连接和跳接部分，便于管理、维护和测试。

其安装步骤如下。

（1）取出 110 跳线架和附带的螺钉。

（2）利用十字螺丝刀把 110 跳线架用螺钉直接固定在网络机柜的立柱上。

（3）理线。

（4）按打线标准把每个线芯按照顺序压在跳线架下层模块端接口中。

（5）把 5 对连接模块用力垂直压接在 110 跳线架上，完成下层端接。

4）网络配线架的安装

网络配线架安装要求如下。

（1）在机柜内部安装配线架前，首先要进行设备位置规划或按照图纸规定确定位置，统一考虑机柜内部的跳线架、配线架、理线环、交换机等设备。

（2）线缆采用地面出线方式时，一般线缆从机柜底部穿入机柜内部，配线架宜安装在机柜下部

（3）配线架应该安装在左右对应的孔中，水平误差不大于 2 mm，更不允许左右孔错位安装。

5）交换机的安装

交换机安装前首先检查产品外包装完整和开箱检查产品，收集和保存配套资料。一般包括交换机、2 个支架、4 个橡皮脚垫和 4 个螺钉、1 根电源线、1 个管理电缆。然后准备安装交换机，一般步骤如下。

（1）从包装箱内取出交换机设备。

（2）给交换机安装两个支架，安装时要注意支架方向。

（3）将交换机放到机柜中提前设计好的位置，用螺钉固定到机柜立柱上，一般交换机上下要留一些空间用于空气流通和设备散热。

（4）将交换机外壳接地，将电源线拿出来插在交换机后面的电源接口。

（5）完成上面几步操作后就可以打开交换机电源了，开启状态下查看交换机是否出现抖动现象，如果出现请检查脚垫高低或机柜上的固定螺钉松紧情况。

注意：拧取这些螺钉时不要过紧，否则会让交换机倾斜；也不能过于松垮，这样交换机在运行时不会稳定，工作状态下设备会抖动。

6）理线环的安装

理线环的安装步骤如下。

（1）取出理线环和所带的配件——螺钉包。

（2）将理线环安装在网络机柜的立柱上。

注意：在机柜内设备之间的安装距离至少留 1U 的空间，便于设备的散热。

7）编号和标记

　　管理子系统是综合布线系统的线路管理区域，该区域往往安装了大量的线缆、管理器件及跳线，为了方便以后线路的管理工作，管理子系统的线缆、管理器件及跳线都必须做好标记，以标明位置、用途等信息。完整的标记应包含以下信息：建筑物名称、位置、区号、起始点和功能。

6.1.3　任务实施

　　（1）设计机柜内安装设备布局示意图，并绘制安装图。

　　（2）准备实训工具，列出实训工具清单，领取实训材料和工具。

　　（3）确定壁挂式机柜安装位置。确定机柜内需要安装设备和数量，合理安排配线架、理线环的位置，主要考虑级联线路合理，施工和维修方便。

　　（4）准备好需要安装的设备——壁挂式网络机柜，使用实训专用螺钉，在设计好的位置安装壁挂式网络机柜，把螺钉固定牢固，如图6-26所示。

　　（5）壁挂式机柜内安装交换机。注意保持设备平齐，螺钉固定牢固，并且做好设备编号和标记。

　　（6）壁挂式机柜内安装配线架、跳线架。注意保持设备平齐，螺钉固定牢固，并且做好设备编号和标记。

　　（7）壁挂式机柜内安装理线架。注意保持设备平齐，把螺钉固定牢固，并且做好设备编号和标记，如图6-27所示。

　　（8）安装完毕后，开始理线和压接线缆，并做好设备编号和标记。

　　图6-26　壁挂式机柜安装示意图　　　　图6-27　机柜内设备安装位置图

子任务 6.2　设备间子系统的立式机柜的安装

6.2.1　任务分析

1. 任务目的

　　（1）通过立式机柜的安装，了解机柜的布置原则、安装方法及使用要求。

　　（2）通过立式机柜的安装，掌握机柜门板的拆卸和重新安装过程。

　　（3）通过立式机柜的安装，掌握设备间机柜中交换机、配线架、跳线架及理线架安装。

（4）通过立式机柜的安装，掌握设备间机柜中交换机、配线架、跳线架压接线技术及理线架的理线技巧。

2. 任务要求

（1）准备实训工具，列出实训工具清单。

（2）独立领取实训材料和工具。

（3）完成立式机柜的定位、地脚螺钉的调整、门板的拆卸和重新安装。

3. 材料和工具

（1）一个立式机柜。

（2）交换机、配线架、跳线架、理线架至少各一个。

（3）十字螺钉旋具，人手一把。

（4）卷尺，每组一把。

（5）网线、水晶头、5对连接块若干。

6.2.2　相关知识

1. 设备间子系统的基本概念

设备间子系统是一个集中化设备区，连接系统公共设备及通过垂直干线子系统连接至管理子系统，如局域网（LAN）、主机、建筑自动化和保安系统等。

设备间子系统是大楼中数据、语音垂直主干线缆终接的场所，也是建筑群的线缆进入建筑物终接的场所，更是各种数据语音主机设备及保护设施的安装场所。设备间子系统一般设在建筑物中部或在建筑物的一、二层，避免设在顶层或地下室，位置不应远离电梯，而且为以后的扩展留下余地。建筑群的线缆进入建筑物时应有相应的过流、过压保护设施，如图6-28所示。

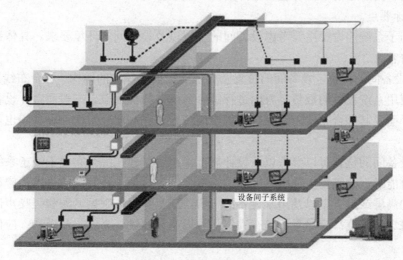

图6-28　设备间示意图

设备间子系统空间要按 ANSL/TLA/ELA-569 要求设计。设备间子系统空间用于安装电信设备、连接硬件、接头套管等，为接地和连接设施、保护装置提供控制环境，是系统进行管理、控制、维护的场所。设备间子系统所在的空间还有对门窗、天花板、电源、照明、接地的要求。

设备间的主要设备有数字程控交换机、计算机等，对于它的使用面积，必须有一个通盘的考虑。

2. 设备间子系统的设计

1）设计步骤

设计人员应与用户方一起商量，根据用户方要求及现场情况具体确定设备间位置的最终位置。只有确定了设备间位置后，才可以设计综合布线的其他子系统，因此，在进行用户需求分析时，确定设备间位置是一项重要的工作内容。

（1）需求分析。设备间子系统是综合布线的精髓，设备间的需求分析围绕整个楼宇的信息点数量、设备数量、规模、网络构成等进行，每幢建筑物内应至少设置 1 个设备间，如果电话交换机与计算机网络设备分别安装在不同的场地或根据安全需要，也可设置 2 个或 2 个以上设备间，以满足不同业务的设备安装需要。

（2）技术交流。在进行需求分析后，要与用户进行技术交流，不仅要与技术负责人交流，也要与项目或者行政负责人进行交流，进一步充分地了解用户的需求，特别是未来的扩展需求。在交流中重点了解规划的设备间子系统附近的电源插座、电力电缆、电器管理等情况。在交流过程中必须进行详细的书面记录，每次交流结束后要及时整理书面记录，这些书面记录是初步设计的依据。

（3）阅读建筑物图纸。

在设备间位置确定前，索取和认真阅读建筑物设计图纸是必要的，通过阅读建筑物图纸掌握建筑物的土建结构、强电路径、弱电路径，特别是主要与外部配线连接接口位置，重点掌握设备间附近的电器管理、电源插座、暗埋管线等。

2）设计要点

设备间子系统的设计主要考虑设备间的位置以及设备间的环境要求。具体设计要点请参考下列内容。

（1）设备间的位置。设备间的位置及大小应根据建筑物的结构、综合布线规模、管理方式以及应用系统设备的数量等方面进行综合考虑，择优选取。一般而言，设备间应尽量建在建筑平面及其综合布线干线综合体的中间位置。在高层建筑内，设备间也可以设置在1、2 层。

确定设备间的位置可以参考以下设计规范：应尽量建在综合布线干线子系统的中间位置，并尽可能靠近建筑物电缆引入区和网络接口，以方便干线线缆的进出；应尽量避免设在建筑物的高层或地下室以及用水设备的下层；应尽量远离强振动源和强噪声源；应尽量避开强电磁场的干扰；应尽量远离有害气体源以及易腐蚀、易燃、易爆物；应便于接地装置的安装。

（2）设备间的面积。设备间的使用面积要考虑所有设备的安装面积，还要考虑预留工作人员管理操作设备的地方。设备间的使用面积可按照下述两种方法之一确定。

方法一：已知 S_b 为综合布线有关的并安装在设备间内的设备所占面积（m²），S 为设备间的使用总面积（m²），那么

$$S=(5\sim7)\sum S_b$$

方法二：当设备尚未选型时，则设备间使用总面积 S 为

$$S=KA$$

式中，A 为设备间的所有设备台（架）的总数，K 为系数，取值(4.5～5.5)m²/台（架）。设备间最小使用面积不得小于 20 m²。

（3）建筑结构。设备间的建筑结构主要依据设备大小、设备搬运以及设备重量等因素而设计。设备间的高度一般为 2.5～3.2 m。设备间门的大小至少为高 2.1 m，宽 1.5 m。

设备间的楼板承重设计一般分为两级：A 级≥500 kg/ m²，B 级≥300 kg/ m²。

（4）设备间的环境要求。设备间安装了计算机、计算机网络设备、电话程控交换机、建筑物自动化控制设备等硬件设备。这些设备的运行需要相应的温度、相对湿度、供电、防尘等要求。设备间内的环境设置可以参照国家计算机用房设计标准《数据中心设计规范》（GB 50174—2017）、程控交换机的《工业企业和程控用户交换机工程设计规范》（CECS09：89）等相关标准及规范。

① 温湿度。

综合布线有关设备的温湿度要求可分为 A、B、C 三级，设备间的温湿度也可参照三个级别进行设计，三个级别具体要求如表 6-1 所示。

表 6-1 设备间温湿度要求

项 目	A 级	B 级	C 级
温度/℃	夏季：22±4 冬季：18±4	12～30	8～35
相对湿度	40%～65%	35%～70%	20%～80%

设备间的温湿度控制可以通过安装降温或加温、加湿或除湿功能的空调设备来实现控制。选择空调设备时，南方地区主要考虑降温和除湿功能；北方地区要全面具有降温、升温、除湿、加湿功能。空调的功率主要根据设备间的大小及设备多少而定。

② 尘埃。设备间内的电子设备对尘埃要求较高，尘埃过高会影响设备的正常工作，降低设备的工作寿命。设备间的尘埃指标一般可分为 A、B 二级，如表 6-2 所示。

表 6-2 设备间尘埃指标要求

项 目	A 级	B 级
粒度/μm	>0.5	>0.5
个数/（粒/dm³）	<10 000	<18 000

③ 空气。设备间内应保持空气洁净，有良好的防尘措施，并防止有害气体侵入。有害气体限值分别如表 6-3 所示。

表 6-3　有害气体限值

有害气体/（mg / m³）	二氧化硫（SO$_2$）	硫化氢（H$_2$S）	二氧化氮（NO$_2$）	氨（NH$_3$）	氯（Cl$_2$）
平均限值	0.2	0.006	0.04	0.05	0.01
最大限值	1.5	0.03	0.15	0.15	0.3

④ 照明。为了方便工作人员在设备间内操作设备和维护相关综合布线器件，设备间必须安装足够照明度的照明系统，并配置应急照明系统。设备间内距地面 0.8 m 处，照明度不应低于 200 lx。设备间配备的事故应急照明，在距地面 0.8 m 处，照明度不应低于 5 lx。

⑤ 噪声。为了保证工作人员的身体健康，设备间内的噪声应小于 70 dB。如果长时间在 70～80 dB 噪声的环境下工作，不但影响人的身心健康和工作效率，还可能造成人为的噪声事故。

⑥ 电磁场干扰。根据综合布线系统的要求，设备间无线电干扰的频率应在 0.15～1000 MHz 范围内，噪声不大于 120 dB，磁场干扰场强不大于 800 A/m。

⑦ 供电系统。

设备间供电电源应满足以下要求。

❖ 频率：50 Hz。

❖ 电压：220 V/380 V。

❖ 相数：三相五线制或三相四线制/单相三线制。

设备间供电电源允许变动范围如表 6-4 所示。

表 6-4　设备间供电电源允许变动范围

项　　目	A 级	B 级	C 级
电压变动范围	−5%～+5%	−10%～+7%	−15%～+10%
频率变动范围	−0.2%～+0.2%	−0.5%～+0.5%	−1～+1
波形失真率范围	−5%～+5%	−7%～+7%	−10%～+10%

根据设备间内设备的使用要求，设备要求的供电方式分为以下 3 类。

❖ 需要建立不间断供电系统。

❖ 需要建立带备用的供电系统。

❖ 按一般用途供电考虑。

（5）设备间的设备管理。设备间内的设备种类繁多，而且线缆布设复杂。为了管理好各种设备及线缆，设备间内的设备应分类分区安装，设备间内所有进出线装置或设备应采用不同色标，以区别各类用途的配线区，方便线路的维护和管理。

（6）安全分类。设备间的安全分为 A、B、C 3 个类别，具体规定如表 6-5 所示。

表 6-5　设备间的安全要求

安全项目	A 类	B 类	C 类
场地选择	有要求或增加要求	有要求或增加要求	无要求
防火	有要求或增加要求	有要求或增加要求	有要求或增加要求
内部装修	要求	有要求或增加要求	无要求

续表

安 全 项 目	A 类	B 类	C 类
供配电系统	要求	有要求或增加要求	有要求或增加要求
空调系统	要求	有要求或增加要求	有要求或增加要求
火灾报警及消防设施	要求	有要求或增加要求	有要求或增加要求
防水	要求	有要求或增加要求	无要求
防静电	要求	有要求或增加要求	无要求
防雷击	要求	有要求或增加要求	无要求
防鼠害	要求	有要求或增加要求	无要求
电磁波的防护	有要求或增加要求	有要求或增加要求	无要求

（7）结构防火。

为了保证设备使用安全，设备间应安装相应的消防系统，配备防火防盗门。

安全级别为 A 类的设备间，其耐火等级必须符合《建筑设计防火规范》（GB 50016—2014）中规定的一级耐火等级。

安全级别为 B 类的设备间，其耐火等级必须符合《建筑设计防火规范》（GB 50016—2014）中规定的二级耐火等级。

安全级别为 C 类的设备间，其耐火等级要求应符合《建筑设计防火规范》（GB 50016—2014）中规定的三级耐火等级。

与 C 类设备间相关的其余基本工作房间及辅助房间，其建筑物的耐火等级不应低于2014 版本中规定的三级耐火等级。与 A、B 类安全设备间相关的其余基本工作房间及辅助房间，其建筑物的耐火等级不应低于 2014 版本中规定的二级耐火等级。

（8）火灾报警及灭火设施。

安全级别为 A、B 类设备间内应设置火灾报警装置。在机房内、基本工作房间、活动地板下、吊顶上方及易燃物附近都应设置烟感和温感探测器。

A 类设备间内设置二氧化碳（CO_2）自动灭火系统，并备有手提式二氧化碳（CO_2）灭火器。

B 类设备间内在条件许可的情况下，应设置二氧化碳自动灭火系统，并备有手提式二氧化碳灭火器。

C 类设备间内应备有手提式二氧化碳灭火器。

A、B、C 类设备间除纸介质等易燃物质外，禁止使用水、干粉或泡沫等易产生二次破坏的灭火器。为了在发生火灾或意外事故时方便设备间工作人员迅速向外疏散，对于规模较大的建筑物，在设备间或机房应设置直通室外的安全出口。

（9）接地要求。

设备间设备安装过程中必须考虑设备的接地。根据综合布线相关规范要求，接地要求如下。

① 直流工作接地电阻一般要求不大于 4 Ω，交流工作接地电阻也不应大于 4 Ω，防雷保护接地电阻不应大于 10 Ω。

② 建筑物内部应设有一套网状接地网络，保证所有设备共同的参考等电位。如果综合布线系统单独设置接地系统，且能保证与其他接地系统之间有足够的距离，则接地电阻值规定为小于或等于 4 Ω。

③ 为了获得良好的接地，推荐采用联合接地方式。所谓联合接地方式就是将防雷接地、交流工作接地、直流工作接地等统一接到共用的接地装置上。当综合布线采用联合接地系统时，通常利用建筑钢筋作防雷接地引下线，而接地体一般利用建筑物基础内钢筋网作为自然接地体，使整幢建筑的接地系统组成一个笼式的均压整体。联合接地电阻要求小于或等于1Ω。

④ 接地所使用的铜线电缆规格与接地的距离有直接关系，一般接地距离在 30 m 以内，接地导线采用直径为 4 mm 的带绝缘套的多股铜线缆。接地铜线电缆规格与接地距离的关系如表 6-6 所示。

表 6-6　接地铜线电缆规格与接地距离的关系

接地距离/m	接地导线直径/mm	接地导线截面积/mm²
小于 30	4.0	12
30～48	4.5	16
49～76	5.6	25
77～106	6.2	30
107～122	6.7	35
123～150	8.0	50
151～300	8.0	75

（10）内部装饰。设备间装修材料使用符合《建筑设计防火规范》（GB 50016—2014）中规定的难燃材料或阻燃材料，应能防潮、吸声、不起尘、抗静电等。

① 地面。为了方便敷设电线缆和电源线，设备间的地面最好采用抗静电活动地板，其接地电阻应在 0.11～1000 M Ω 之间。具体要求应符合国家标准《计算机机房用地板技术条件》。

带有走线口的活动地板为异形地板，其走线口应光滑，防止损伤电线、电缆。设备间地面所需异形地板的块数由设备间所需引线的数量来确定。设备间地面切忌铺毛制地毯，因为毛制地毯容易产生静电，而且容易产生积灰。放置活动地板的设备间的建筑地面应平整、光洁、防潮、防尘。

② 墙面。墙面应选择不易产生灰尘、也不易吸附灰尘的材料。目前大多数是在平滑的墙壁上涂阻燃漆，或在墙面上覆盖耐火的胶合板。

③ 顶棚。为了吸声及布置照明灯具，一般在设备间顶棚下加装一层吊顶。吊顶材料应满足防火要求。目前，我国大多数采用铝合金或轻钢作为龙骨，安装吸声铝合金板、阻燃铝塑板、喷塑石英板等。

④ 隔断。设备间放置的设备根据工作需要，可用玻璃将设备间隔成若干个房间。隔断

可以选用防火的铝合金或轻钢作龙骨，安装 10 mm 厚玻璃，或从地板面至 1.2 m 处安装难燃双塑板，1.2 m 以上安装 10 mm 厚玻璃。

（11）设备间内的线缆敷设。

① 活动地板方式。活动地板方式是线缆在活动地板下的空间敷设，由于地板下空间大，因此线缆容量大、条数多，路由自由短捷，节省线缆费用，线缆敷设和拆除均简单方便，能适应线路增减变化，有较高的灵活性，便于维护管理，如图 6-29 所示。但造价较高，会减少房屋的净高，对地板表面材料也有一定要求，如耐冲击性、耐火性、抗静电、稳固性等。

图6-29　地面布线敷设现场

② 地板或墙壁内沟槽方式。地板或墙壁内沟槽方式是线缆在建筑中预先建成的墙壁或地板内沟槽中敷设，沟槽的断面尺寸大小根据线缆终期容量来设计，上面设置盖板保护。这种方式造价较活动地板低，便于施工和维护，也有利于扩建，但沟槽设计和施工必须与建筑设计和施工同时进行，在配合协调上较为复杂。沟槽方式因是在建筑中预先制成，因此在使用中会受到限制，线缆路由不能自由选择和变动。

③ 预埋管路方式。预埋管路方式是在建筑的墙壁或楼板内预埋管路，其管径和根数根据线缆需要来设计。穿放线缆比较容易，维护、检修和扩建均有利，造价低廉，技术要求不高，是一种最常用的方式。但预埋管路必须在建筑施工中进行，线缆路由受管路限制，不能变动，所以使用中会受到一些限制。

④ 机架走线架方式。机架走线架方式是在设备（机架）上沿墙安装走线架（或槽道）的敷设方式，走线架和槽道的尺寸根据线缆需要设计，它不受建筑的设计和施工限制，可以在建成后安装，便于施工和维护，也有利于扩建。机架上安装走线架或槽道时，应结合设备的结构和布置来考虑，在层高较低的建筑中不宜使用。

3. 设备间子系统的设计实例

1）设备间布局设计图

在设计设备间布局时，一定要将安装设备区域和管理人员办公区域分开考虑，这样不但便于管理人员的办公，而且便于设备的维护，如图 6-30 所示。设备区域与办公区域使用玻璃隔断分开，如图 6-31 所示。

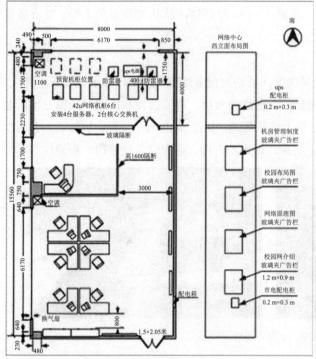

图6-30　设备间布局平面图　　　　　　　　　　图6-31　设备间装修效果图

2）设备间预埋管路图

设备间的布线管道一般采用暗敷预埋方式，如图 6-32 所示。

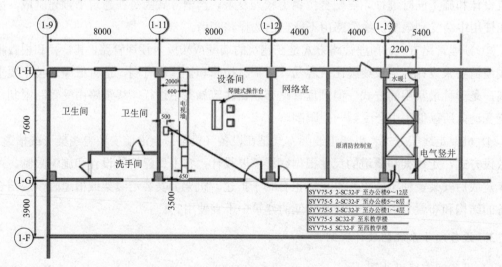

图6-32　设备间预埋管道平面图

4. 设备间子系统的工程技术

1）设备间子系统的标准要求

《综合布线系统工程设计规范》（GB 50311—2016）国家标准第 6 章安装工艺要求中，

对设备间的设置要求如下：每幢建筑物内应至少设置 1 个设备间，如果电话交换机与计算机网络设备分别安装在不同的场地，或根据安全需要，也可设置两个或两个以上的设备间，以满足不同业务的设备安装需要。

如果一个设备间以 10 m² 计，大约能安装 5 个 19 英寸的机柜。在机柜中安装电话大对数电缆多对卡接式模块，数据主干线缆配线设备模块，大约能支持总量为 6000 个信息点所需（其中电话和数据信息点各占 50%）的建筑物配线设备安装空间。

2）设备间机柜的安装要求

设备间内机柜安装标准如表 6-7 所示。

表 6-7　设备间内机柜安装标准

项　　目	标　　准
安装位置	应符合设计要求，机柜应离墙，便于安装和施工。所有安装螺丝不得有松动，保护橡皮垫应安装牢固
底座	安装应牢固，应按设计图的防震要求进行施工
安放	安放应竖直，柜面水平，垂直偏差≤1‰，水平偏差≤3 mm，机柜之间缝隙≤1 mm
表面	完整，无损伤，螺钉坚固，每平方米表面凹凸度应<1 mm
接线	接线应符合设计要求，接线端子各种标志应齐全，保持良好
配线设备	接地体、保护接地、导线截面、颜色应符合设计要求
接地	应设接地端子，并良好连接接入楼宇接地端排
线缆预留	（1）对于固定安装的机柜，在机柜内不应有预留线长，预留线应预留在可以隐蔽的地方，长度为 1～1.5 m （2）对于可移动的机柜，连入机柜的全部线缆在连入机柜的入口处，应至少预留 1 m，同时各种线缆的预留长度相互之间的差别应不超过 0.5 m
布线	机柜内走线应全部固定，并要求横平竖直

3）设备间的配电要求

设备间供电由大楼市电提供电源进入设备间专用的配电柜。设备间设置设备专用的 UPS 地板下插座，为了便于维护，在墙面上安装维修插座。其他房间根据设备的数量安装相应的维修插座。

配电柜除满足设备间设备的供电以外，应留出一定的余量，以备以后的扩容。

4）设备间安装防雷器

（1）防雷基本原理。

所谓雷击防护就是通过合理、有效的手段将雷电流的能量尽可能地引入大地，防止其进入被保护的电子设备。是疏导，而不是堵雷或消雷。

国际电工委员会的分区防雷理论：外部和内部的雷电保护已采用面向电磁兼容性（EMC）的雷电保护新概念。雷电保护区域的划分是采用标识数字 0～3。0A 保护区域是直接受到雷击的地方，由这里辐射出未衰减的雷击电磁场；其次的 0B 区域是指没有直接受到雷击，但却处于强的电磁场。保护区域 1 已位于建筑物内，直接在外墙的屏蔽措施之后，如混凝土立面的钢护板后面，此处的电磁场要弱得多（一般为 30 dB）。在保护区域 2 中的终端电器可采用集中保护，例如通过保护共用线路而大大减弱电磁场。保护区域 3 是电子设备或装置内部需要保护的范围。

根据国际电工委员会的最新防雷理论,外部和内部的雷电保护已采用面向电磁兼容性(EMC)的雷电保护新概念。 对于感应雷的防护,已经同直击雷的防护同等重要。

感应雷的防护就是在被保护设备前端安装一个参数匹配的防雷器。 在雷电流的冲击下,防雷器在极短时间内与地网形成通路,使雷电流在到达设备之前,通过防雷器和地网泄放入地。当雷电流脉冲泄放完成后,防雷器自恢复为正常高阻状态,使被保护设备继续工作。

直击雷的防护已经是一个很早就被重视的问题。现在的直击雷防护基本采用有效的避雷针、避雷带或避雷网作为接闪器,通过引下线使直击雷能量泄放入地。

(2)防雷设计。

依据国家标准对计算机网络中心设备间电源系统采用三级防雷设计。

二级电源防雷:防止从室外窜入的雷电过电压、防止开关操作过电压、感应过电压、反射波效应过电压。一般在设备间总配电处,选用电源防雷器分别在 L-N、N-PE 间进行保护,可最大限度地确保被保护对象不因雷击而损坏,更大限度地保护设备安全。

5)设备间防静电措施

为了防止静电带来的危害,更好地保护机房设备,更好地利用布线空间,应在中央机房等关键的房间内安装高架防静电地板。

设备间用防静电地板有钢结构和木结构两大类,其要求是既能提供防火、防水和防静电功能,又要轻、薄并具有较高的强度和适应性,且有微孔通风。防静电地板下面或防静电吊顶板上面的通风道应留有足够余地以作为机房敷设线槽、线缆的空间,这样既保证了大量线槽、线缆便于施工,同时也使机房整洁美观。

在设备间装修敷设抗静电地板安装时,同时安装静电泄漏系统。敷设静电泄漏地网,通过静电泄漏干线和机房安全保护地的接地端子封在一起,将静电泄漏掉。

中央机房、设备间的高架防静电地板的安装注意事项如下。

(1)清洁地面。用水冲洗或拖湿地面,必须等到地面完全干了以后才可施工。

(2)画地板网格线和线缆管槽路径标识线,这是确保地板横平竖直的必要步骤。先将每个支架的位置正确标注在地面坐标上,之后应当马上将地板下面集中的大量线槽、线缆的出口、安放方向、距离等一同标注在地面上,并准确地画出定位螺钉的孔位,而不能急于安放支架。

(3)敷设线槽、线缆。先敷设防静电地板下面的线槽,这些线槽都是金属可锁闭和开启的,因而这一工序是将线槽位置全面固定,并同时安装接地引线,然后布放线缆。

(4)支架及线槽系统的接地保护。这一工序对于网络系统的安全至关重要。特别注意连接在地板支架上的接地铜带,作为防静电地板的接地保护。注意一定要等到所有支架安放完成后再统一校准支架高度。

5. 工程经验

1)设备间设备的进场

在安装之前,必须对设备间的建筑和环境条件进行检查,具备下列条件方可开工。

（1）设备间的土建工程已全部竣工，室内墙壁已充分干燥。设备间门的高度和宽度应不妨碍设备的搬运，房门锁和钥匙齐全。

（2）设备间地面应平整光洁，预留暗管、地槽和孔洞的数量、位置、尺寸均应符合工艺设计要求。

（3）电源已经接入设备间，应满足施工需要。

（4）设备间的通风管道应清扫干净，空气调节设备应安装完毕，性能良好。

（5）在铺设活动地板的设备间内，应对活动地板进行专门检查，地板板块铺设严密坚固，符合安装要求，每平方米的水平误差应不大于 2 mm，地板应接地良好，接地电阻和防静电措施应符合要求。

2）设备的散热

设备间的交换机、服务器等设备的安装周围空间不要太拥挤，以利于散热。

6.2.3　任务实施

（1）准备实训工具，列出实训工具清单。

（2）领取实训材料和工具。

（3）确定立式机柜安装位置。

（4）实际测量尺寸。

（5）准备好需要安装的设备——立式网络机柜，将机柜就位，然后将机柜底部的定位螺栓向下旋转，将 4 个轴辘悬空，保证机柜不能转动，如图 6-33 所示。

图6-33　机柜安装示意图

（6）在立式机柜内安装交换机、配线架。

（7）在立式机柜内安装跳线架、理线架。

（8）压线和理线。

（9）安装完毕后，学习机柜门板的拆卸和重新安装。

任务 7

园区网综合布线技术与施工

园区网通常是指大学的校园网及企业的内部网（Intranet）。园区网的路由结构完全由一个机构来管理。园区网综合布线技术涉及进线间子系统、建筑群子系统、光纤熔接与冷接技术。

子任务 7.1　进线间的入口管道敷设

进线间是建筑物外部通信和信息管线的入口部位，并可作为入口设施和建筑群配线设备的安装场地。

7.1.1　任务分析

进线间主要是用于容纳电缆、连接硬件、保护设备和连接网络提供商布线设备，一般每幢大楼都会设立一个进线间，是外界线缆进入大楼的第一站，因此入口管道敷设是一幢建筑综合布线施工的入口，如图7-1所示。

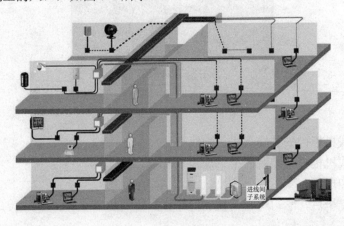

图7-1　进线间示意图

1. 任务目的

（1）掌握园区网综合布线技术方案中进线间的位置确定。

（2）绘制进线间图纸。

（3）掌握园区网综合布线方案中进线间入口管道的敷设方法。

2. 任务要求

（1）设计一种园区网进线间的位置和管孔数量，并且绘制施工图。

在确定进线间位置时要考虑便于线缆敷设以及供电方便，还要考虑多家运营间多种技术接入方案。

3～5人组成一个项目组，选举项目负责人，每人设计进线间的位置、进线间入口管理数量以及入口处理方式，并绘制图纸。项目负责人组织讨论，之后指定一种设计方案进行实训。

（2）按照设计图，核算实训材料规格和数量，列出材料清单。

（3）按照设计图，准备实训工具，列出实训工具清单。

（4）领取实训材料和工具。

（5）完成园区网进线间管道敷设。

敷设进线间入口管道。将进线间所有进线管道根据用途划分，并按区域放置。对进线间所有入口管道进行防水等处理。

3. 材料和工具

（1）配线实训装置。

（2）进线间管道。

（3）手工锯、美工刀。

（4）光缆、双绞线若干。

7.1.2　相关知识

进线间是《综合布线系统工程设计规范》（GB 50311—2016）国家标准在系统设计内容中专门增加的，要求在建筑物前期系统设计中要增加进线间，满足多家运营商业务需要。进线间一般通过地埋管线进入建筑物内部，宜在土建阶段实施。进线间主要作为室外电缆、光缆引入楼内的成端与分支及光缆的盘长空间位置。

1. 进线间设计

进线间主要作为室外电缆、光缆引入楼内的成端与分支及光缆的盘长空间位置。对于光缆至大楼、至用户、至桌面的应用及容量日益增多，进线间就显得尤为重要。

1）进线间的位置

一般一个建筑物宜设置1个进线间，一般是提供给多家电信运营商和业务提供商使用，通常设于地下一层。外线宜从两个不同的路由引入进线间，有利于与外部管道沟通。进线

121

间与建筑物红外线范围内的人孔或手孔采用管道或通道的方式互连。

2）进线间面积的确定

进线间因涉及因素较多，难以统一提出具体所需面积，可根据建筑物实际情况，并参照通信行业和国家的现行标准要求进行设计。

进线间应满足线缆的敷设路由、成端位置及数量、光缆的盘长空间和线缆的弯曲半径、充气维护设备、配线设备安装所需要的场地空间和面积。

3）线缆配置要求

建筑群主干电缆和光缆、公用网和专用网电缆、光缆及天线馈线等室外线缆进入建筑物时，应在进线间成端转换成室内电缆、光缆，并在线缆的终端处可由多家电信业务经营者设置入口设施，入口设施中的配线设备应按引入的电缆、光缆容量配置。

电信业务经营者或其他业务服务商在进线间设置安装入口配线设备应与 BD 建筑物配线设备或 CD 建筑群配线设备之间敷设相应的连接电缆、光缆，实现路由互通。线缆类型与容量应与配线设备相一致。

4）入口管孔数量

进线间应设置管道入口。在进线间线缆入口处的管孔数量应留有充分的余量，以满足建筑物之间、建筑物弱电系统、外部接入业务及多家电信业务经营者和其他业务服务商线缆接入的需求，建议留有 2～4 孔的余量。

5）进线间的设计要求

进线间宜靠近外墙和在地下设置，以便于线缆引入。进线间设计应符合下列规定。

（1）进线间应防止渗水，宜设有抽排水装置。

（2）进线间应与布线系统垂直竖井连通。

（3）进线间应采用相应防火级别的防火门，门向外开，宽度不小于 1000 mm。

（4）进线间应设置防有害气体措施和通风装置，排风量按每小时不小于 5 次容积计算。

（5）进线间如安装配线设备和信息通信设施时，应符合设备安装设计的要求。

（6）与进线间无关的管道不宜通过。

6）进线间入口管道处理

进线间入口管道所有布放线缆和空闲的管孔应采取防火材料封堵，做好防水处理。

2．进线间子系统设计原则

1）地下设置原则

进线间一般应该设置在地下或者靠近外墙，以便于线缆引入，并且应与布线垂直竖井连通。

2）空间合理原则

进线间应满足线缆的敷设路由、端接位置及数量、光缆的盘长空间和线缆的弯曲半径、充气维护设备、配线设备安装所需要的场地空间和面积，大小应按进线间的进出管道容量及入口设施的最终容量设计。

3）满足多家运营商需求原则

进线间应考虑满足多家电信业务经营者安装入口设施等设备的面积。

4）公用原则

在设计和安装时，进线间应该考虑通信、消防、安防、楼控等其他设备以及设备安装空间。如安装配线设备和信息通信设施时，应符合设备安装设计的要求。

5）安全原则

进线间应设置防有害气体措施和通风装置，排风量按每小时不小于 5 次容积计算，入口门应采用相应防火级别的防火门，门向外开，宽度不小于 1000 mm，同时与进线间无关的水暖管道不宜通过。

7.1.3　任务实施

（1）施工图绘制。根据讨论结果进行进线间施工图绘制。设计进线间的位置、进线间入口管孔数量以及入口处理方式，确定进线间位置，进线间在确定位置时要考虑便于线缆敷设以及供电方便，还要考虑多家运营间多种技术接入方案，并绘制施工图。

（2）进线间入口管道敷设。根据绘制施工图进行进线间入口管道敷设，如图 7-2 所示。进线间所有进线管道根据用途划分，并按区域放置，如图 7-3 所示。

（3）入口管道防水处理。

（4）讨论进线间在面积、入口管孔数量的设计要求。

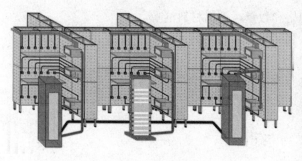

图7-2　入口管道敷设

图7-3　入口管道敷设现场

子任务 7.2　建筑群

7.2.1　任务分析

建筑群子系统也称为楼宇子系统，主要实现建筑物与建筑物之间的通信连接，一般采用光缆并配置光纤配线架等相应设备，它支持楼宇之间通信所需的硬件，包括线缆、端接设备和电气保护装置，如图 7-4 所示。

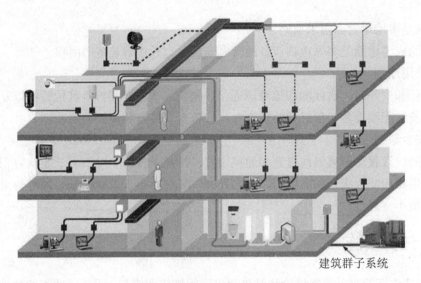

图7-4　建筑群子系统示意图

1. 任务目的

（1）掌握园区网中建筑群综合布线技术。

（2）绘制建筑群施工图。

2. 任务要求

（1）绘制建筑群施工图。

（2）按照设计图，核算实训材料规格和数量，列出材料清单。

（3）按照设计图，准备实训工具，列出实训工具清单。

（4）领取实训材料和工具。

（5）完成建筑与建筑之间网络综合布线。

（6）完成 CD-BD 建筑群子系统光缆链路布线安装。

（7）完成建筑群子系统光缆安装。

3. 材料和工具

（1）配线实训装置。

（2）建筑群施工工具及材料。

（3）光缆、双绞线若干，PVC 线管、管卡、螺钉、L 形支架。

7.2.2　相关知识

1. 建筑群子系统的设计

1）建筑群子系统的设计原则

（1）地下埋管原则。建筑群子系统的室外线缆一般通过建筑物进线间进入大楼内部的设备间，室外距离比较长，设计时一般选用地埋管道穿线或者电缆沟敷设方式。在特殊场合也可以使用直埋方式，或者架空方式。

（2）远离高温管道原则。建筑群的光缆或者电缆，经常在室外部分或者进线间需要与热力管道交叉或者并行，遇到这种情况时，必须保持较远的距离，避免高温损坏线缆或者缩短线缆的寿命。

（3）远离强电原则。园区室外地下埋设有许多 380 V 或者 10000 V 的交流强电电缆，这些强电电缆的电磁辐射非常大，网络系统的线缆必须远离这些强电电缆，避免对网路系统的电磁干扰。

（4）预留原则。建筑群子系统的室外管道和线缆必须预留备份，方便未来升级和维护。

（5）管道抗压原则。建筑群子系统的地埋管道穿越园区道路时，必须使用钢管或者抗压 PVC 管。

（6）大拐弯原则。建筑群子系统一般使用光缆，要求拐弯半径大，实际施工时，一般在拐弯处设立接线井，方便拉线和后期维护。如果不设立接线井，拐弯时必须保证较大的曲率半径。

2）建筑群子系统的设计步骤

（1）需求分析。在建筑群子系统设计时，需求分析应该包括工程的总体概况、工程各类信息点统计数据、各建筑物信息点分布情况、各建筑物平面设计图、现有系统的状况、设备间位置等。具体分析从一个建筑物到另一个建筑物之间的布线距离、布线路径，逐步明确和确认布线方式和布线材料的选择。

（2）具体设计步骤。

① 确定敷设现场的特点。其包括整个工地的大小、工地的地界、建筑物的数量等。

② 确定电缆系统的一般参数。其包括确认起点、端接点位置、所涉及的建筑物及每座建筑物的层数、每个端接点所需的双绞线的对数、有多个端接点的每座建筑物所需的双绞线总对数等。

③ 确定建筑物的电缆入口。建筑物入口管道位置应便于连接公用设备，根据需要在墙上穿过一根或多根管道。对于现有的建筑物，要确定各个入口管道的位置，每座建筑物有多少入口管道可供使用，入口管道数目是否满足系统的需要。

如果入口管道不够用，则要确定在移走或重新布置某些电缆时是否能腾出某些入口管道，在不够用的情况下应另装多少入口管道；如果建筑物尚未建起，则要根据选定的电缆路由完善电缆系统设计，并标出入口管道。

建筑物入口管道的位置应便于连接公用设备，根据需要在墙上穿过一根或多根管道。如果外线电缆延伸到建筑物内部的长度超过 15 m，就应使用合适的电缆入口器材，在入口管道中填入防水和气密性很好的密封胶，如 B 型管道密封胶。

④ 确定明显障碍物的位置。其包括确定土壤类型、电缆的布线方法、地下公用设施的位置、查清拟定的电缆路由中沿线各个障碍物位置或地理条件、对管道的要求等。

⑤ 确定主电缆路由和备用电缆路由。其包括确定可能的电缆结构、所有建筑物是否共用一根电缆、查清在电缆路由中哪些地方需要获准后才能通过、选定最佳路由方案等。

⑥ 选择所需电缆的类型和规格。其包括确定电缆长度，画出最终的结构图，画出所选定路由的位置和挖沟详图，确定入口管道的规格，选择每种设计方案所需的专用电缆，保

证电缆可进入口管道，应选择其规格和材料、长度、类型等。

⑦ 确定每种选择方案所需的劳务成本。其包括确定布线时间、计算总时间、计算每种设计方案的成本、总时间乘以当地的工时费以确定成本。

⑧ 确定每种选择方案的材料成本。其包括确定电缆成本、所有支持结构的成本、所有支撑硬件的成本等。

⑨ 选择最经济、最实用的设计方案。把每种选择方案的劳务费成本加在一起，得到每种方案的总成本。

3）技术交流

在进行需求分析后，要与用户进行技术交流，这是非常必要的。由于建筑群子系统往往覆盖整个建筑物群的平面，布线路径也经常与室外的强电线路、给（排）水管道、道路和绿化等项目线路有多次的交叉或者并行实施，因此不仅要与技术负责人交流，也要与项目或者行政负责人进行交流。在交流中重点了解每条路径上的电路、水路、气路的安装位置等详细信息。在交流过程中进行详细的书面记录，每次交流结束后要及时整理书面记录。

4）阅读建筑物图纸

建筑物主干布线子系统的线缆较多，且路由集中，是综合布线系统的重要骨干线路，索取和认真阅读建筑物设计图纸是不能省略的程序，通过阅读建筑群总平面图和单体图掌握建筑物的土建结构、强电路径、弱电路径，重点掌握在综合布线路径上的强电管道、给（排）水管道、其他暗埋管线等。在阅读建筑物纸图时，应进行记录或者标记，正确处理建筑群子系统布线与电路、水路、气路和电器设备的直接交叉或者路径冲突问题。

2. 建筑群子系统的规划和设计

建筑群子系统主要应用于多幢建筑物组成的建筑群综合布线场合，单幢建筑物的综合布线系统可以不考虑建筑群子系统。建筑群子系统的设计主要考虑布线路由选择、线缆选择、线缆布线方式等内容。建筑群子系统应按下列要求进行设计。

1）考虑环境美化要求

建筑群主干布线子系统设计应充分考虑建筑群覆盖区域的整体环境美化要求，建筑群干线电缆尽量采用地下管道或电缆沟敷设方式。因客观原因最后选用了架空布线方式的，也要尽量选用原已架空布设的电话线或有线电视电缆的路由，干线电缆与这些电缆一起敷设，以减少架空敷设的电线缆路。

2）考虑建筑群未来发展需要

在线缆布线设计时，要充分考虑各建筑需要安装的信息点种类、信息点数量，选择相对应的干线电缆的类型以及电缆敷设方式，使综合布线系统建成后，保持相对稳定，能满足今后一定时期内各种新的信息业务发展需要。

3）线缆路由的选择

考虑节省投资，线缆路由应尽量选择距离短、线路平直的路由。但具体的路由还要根据建筑物之间的地形或敷设条件而定。在选择路由时，应考虑原有已敷设的地下各种管道，在管道内应与电力线缆分开敷设，并保持一定的间距。

4）电缆引入要求

建筑群干线光缆进入建筑物时，都要设置引入设备，并在适当位置终端转换为室内电缆、光缆。引入设备应安装必要保护装置以达到防雷击和接地的要求。干线光缆引入建筑物时，应以地下引入为主，如果采用架空方式，应尽量采取隐蔽方式引入。

5）干线电缆、光缆交接要求

建筑群的干线电缆、主干光缆布线的交接不应多于两次。从每幢建筑物的楼层配线架到建筑群设备间的配线架之间只应通过一个建筑物配线架。

6）建筑群子系统布线线缆的选择

建筑群子系统敷设的线缆类型及数量由连接应用系统种类及规模来决定。计算机网络系统常采用光缆，经常使用 62.5 μm/125 μm 规格的多模光缆，户外布线大于 2 km 时可选用单模光纤。

电话系统常采用三类大对数电缆，为了适合于室外传输，电缆还覆盖了一层较厚的外层皮。三类大对数双绞线根据线对数量分为 25 对、50 对、100 对、250 对、300 对等规格，要根据电话语音系统的规模来选择三类大对数双绞线相应的规格及数量。有线电视系统常采用同轴电缆或光缆作为干线电缆。

7）线缆的保护

当线缆从一建筑物到另一建筑物时，易受到雷击、电源碰地、感应电压等影响，必须进行保护。如果铜缆进入建筑物时，按照《综合布线系统工程设计规范》（GB 50311—2016）的强制性规定必须增加浪涌保护器。

3. 建筑群子系统的设计实例

1）室外管道的敷设

在设计建筑群子系统的埋管图时，一定要根据建筑物之间数据或语音信息点的数量来确定埋管规格，如图 7-5 所示。

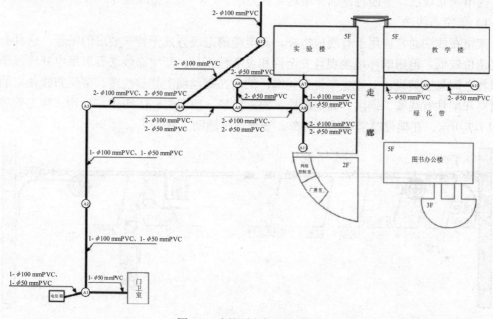

图7-5 建筑群之间预埋管图

2）室外架空图

建筑物之间线路的连接还有一种连接方式，就是架空方式。设计架空路线时，需要考虑度，如图 7-6 所示。

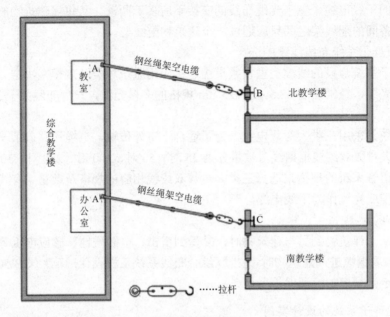

图7-6　室外架空图

4．建筑群子系统的工程技术

建筑群子系统的线缆布设方式有 4 种：架空布线法、直埋布线法和地下管道布线法、隧道内电缆布线法。下面将详细介绍这 4 种方法。

1）架空布线法

架空布线法通常应用于有现成电杆，对电缆的走线方式无特殊要求的场合。这种布线方式造价较低，但影响环境美观且安全性和灵活性不足。架空布线法要求用电杆将线缆在建筑物之间悬空架设，一般先架设钢丝绳，然后在钢丝绳上挂放线缆。架空布线使用的主要材料和配件有线缆、钢缆、固定螺栓、固定拉攀、预留架、U 形卡、挂钩、标志管等，如图 7-7 所示，在架设时需要使用滑车、安全带等辅助工具。

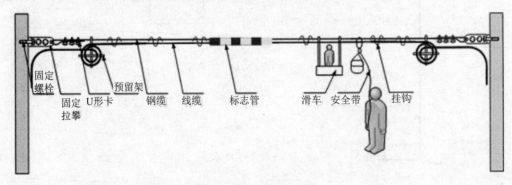

图7-7　架空布线主要材料

架空线缆敷设时，一般步骤如下。

（1）电杆以 30～50 m 的间隔距离为宜。

（2）根据线缆的质量选择钢丝绳，一般选 8 芯钢丝绳。

（3）接好钢丝绳。

（4）架设线缆。

（5）每隔 0.5 m 架一个挂钩，如图 7-8 所示。

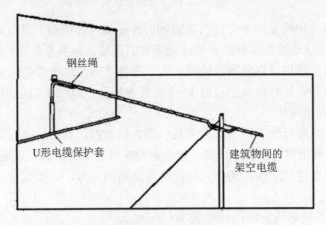

图7-8　架空布线法

2）直埋布线法

直埋布线法就是根据选定的布线路由在地面上挖沟，然后将线缆直接埋在沟内。通常应埋在距地面 0.6 m 以下的地方，或按照当地城管等部门的有关法规去施工。直埋布线法的路由选择受到土质、公用设施、天然障碍物（如木、石头）等因素的影响。直埋布线法具有较好的经济性和安全性，总体优于架空布线法，但更换和维护不方便且成本较高。直埋布线的电缆除了穿过基础墙的那部分电缆有管保护外，电缆的其余部分直埋地下，没有保护，如图 7-9 所示。

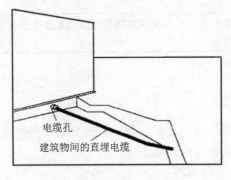

图7-9　直埋布线法

3）地下管道布线法

地下管道布线是一种由管道和入孔组成的地下系统，它把建筑群的各个建筑物进行互连。如图 7-10 所示，1 根或多根管道通过基础墙进入建筑物内部的结构。

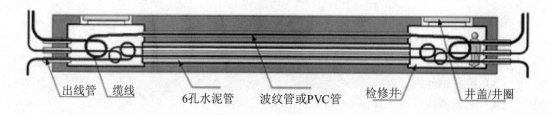

出线管　缆线　　　　6孔水泥管　　波纹管或PVC管　　　检修井　　　井盖/井圈

图7-10　地下管道布线法

地下管道能够保护线缆，不会影响建筑物的外观及内部结构。管道埋设的深度一般在 0.8～1.2 m，或符合当地城管等部门有关法规规定的深度。为了方便日后的布线，管道安装时应预埋 1 根拉线，以供以后的布线使用。为了方便管理，地下管道应间隔 50～180 m 设立一个接合井，此外安装时至少应预留 1～2 个备用管孔，以供扩充之用。

4）隧道内电缆布线法

在建筑物之间通常有地下通道，大多是供暖、供水的，利用这些通道来敷设电缆不仅成本低，而且可以利用原有的安全设施。如考虑到暖气泄漏等条件，电缆安装时应与供气、供水、供段的管道保持一定的距离，安装在尽可能高的地方，可根据民用建筑设施的有关条件进行施工。

4 种建筑群子系统布线方法比较如表 7-1 所示。

表 7-1　4 种建筑群子系统布线方法比较

方　　法	优　　点	缺　　点
架空布线法	如果有电线杆，则成本最低	没有提供任何机械保护，灵活性差，安全性差，影响建筑物美观
直埋布线法	提供某种程度的机械保护，保持建筑物的外貌	挖沟成本高，难以安排电缆的敷设位置，难以更换和加固
地下管道布线法	提供最佳机械保护，任何时候都可敷设、扩充和加固并且都很容易，保持建筑物的外貌	挖沟、开管道和入孔的成本很高
隧道内电缆布线法	保持建筑物外貌，如果有隧道，则成本最低且安全	热量或泄漏的热气可能损坏线缆，可能被水淹

5. 工程经验

1）路径的勘察

建筑群子系统的布线工作开始之前，我们首先要勘察室外施工现场，确定布线的路径和走向，同时避开强电管道和其他管道。

2）避开动力线，谨防线路短路

某学校敷设一路室外线缆时，在施工中没有将网络和广播系统分管道布线。在使用了两年以后，由于广播系统电缆中间的接头出现老化，并且发生了短路，把该管道内的所有线路都损坏了。经过这样的教训，值得我们注意的是，以后在室外布线中，一定要将弱电线缆的信号线和供电线缆分管道敷设。

3）管道的敷设

敷设室外管道时要采用直径较大的光缆，要留有余量。敷设光缆时要特别注意转弯半径，转弯半径过小会导致链路严重损耗，仔细检查每一条光缆，特别光接点的面板盒，有的面板盒深度不够，光点做好以后，面板没装到盒上时是好的，装上以后测试就不好，原因是装上以后光缆转角半径太小，造成严重损耗。

4）线缆的敷设

为防止意外破坏，室外电缆一般应穿入埋在地下的管道内，如需架空，则应架高（高4 m 以上），而且一定要固定在墙上或电线杆上，切勿搭架在电杆、电线、墙头上，甚至门框、窗框上。

7.2.3 任务实施

（1）完成建筑与建筑之间网络综合布线。

（2）完成 CD-BD 建筑群子系统光缆链路布线安装。

（3）按照图 7-11 所示路由完成建筑群子系统光缆安装。

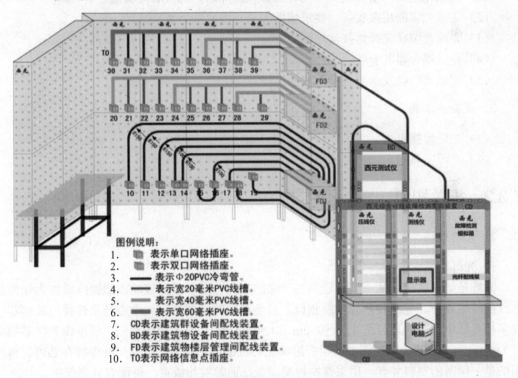

图7-11 建筑群子系统施工示意图

① 从标识 CD 的综合布线故障检测实训装置，向标识 BD 的设备安装 1 根 Φ20 mmPVC 管，CD 端的线管用 L 形支架、管卡、螺钉固定在设备顶部，BD 端的线管用管卡、螺丝固定在设备侧面。

② 在 PVC 管内穿 4 根 4 芯室内光缆，其中 2 根为单模，2 根为多模。

子任务 7.3　光纤熔接

7.3.1　任务分析

1．任务目的

（1）熟悉和掌握光缆的种类和区别。

（2）熟悉和掌握光缆工具的用途和使用方法、技巧。

（3）熟悉光缆跳线的种类。

（4）熟悉光缆耦合器的种类和安装方法。

（5）熟悉和掌握光纤的熔接方法和注意事项。

2．任务要求

（1）完成光缆的两端剥线。不允许损伤光缆光芯，而且长度合适。

（2）完成光缆的熔接实训。要求熔接方法正确，并且熔接成功。

（3）完成光缆在光纤熔接盒的固定。

（4）完成耦合器的安装。

（5）完成光纤收发器与光纤跳线的连接。

3．设备、工具

（1）光纤熔接机。

（2）光纤工具箱。

7.3.2　相关知识

1．光纤概述

1）光纤的概念

光纤是一种将信息从一端传送到另一端的媒介，是一条以玻璃或塑胶纤维作为让信息通过的传输媒介。光纤和同轴电缆相似，只是没有网状屏蔽层。中心是光传播的玻璃芯。在多模光纤中，芯的直径是 15～50 μm，大致与人的头发的粗细相当。而单模光纤芯的直径为 8～10 μm。芯外面包围着一层折射率比芯低的玻璃封套，以使光纤保持在芯内。再外面的是一层薄的塑料外套，用来保护封套。光纤通常被扎成束，外面有外壳保护。

2）光纤与光缆的区别

通常光纤与光缆两个名词会被混淆，光纤在实际使用前外部由几层保护结构包覆，包覆后的线缆即被称为光缆。外层的保护结构可防止糟糕环境对光纤的伤害，如水、火、电击等。光缆包括光纤、缓冲层及披覆。

2．光纤的传输特点

由于光纤是一种传输媒介，它可以像一般铜线缆一样，传送电话通话或计算机数据等资料；所不同的是，光纤传送的是光信号而非电信号，光纤传输因具有同轴电缆无法比拟的优点，而成为远距离信息传输的首选设备。因此，光纤具有很多独特的优点。

1）传输损耗低

损耗是传输介质的重要特性，它只决定了传输信号所需中继的距离。

2）传输频带宽

光纤的频宽可达 1 GHz 以上。

3）抗干扰性强

光纤传输中的载波是光波，它是频率极高的电磁波，远远高于一般电波通信所使用的频率，所以不受干扰，尤其是强电干扰。

4）安全性能高

光纤采用的玻璃材质，不导电，防雷击；光纤无法像电缆一样进行窃听，一旦光缆遭到破坏马上就会发现，因此安全性更强。

5）重量轻，机械性能好

光纤细小如丝，重量相当轻，即使是多芯光缆，重量也不会因为芯数增加而成倍增长，而电缆的重量一般都与外径成正比。

6）光纤传输寿命长

普通视频线缆的使用寿命最多为 10～15 年，而光缆的使用寿命长达 30～50 年。

3．光纤的传输原理和工作过程

1）光纤的传输原理

光波在光纤中的传播过程是利用光的折射和反射原理来进行的，一般来说，光纤芯子的直径要比传播光的波长高几十倍以上，因此利用几何光学的方法定性分析是足够的，而且对问题的理解也很简明、直观。

当一束光纤投射到两个不同折射率的介质交界面上时，发生折射和反射现象。对于多层介质形成的一系列界面，若折射率 $n_1 > n_2 > n_3 > \cdots > n_m$，则入射光线在每个界面的入射角逐渐加大，直到形成全反射。由于折射率的变化，入射光线受到偏转的作用，传播方向改变。

光纤由芯子、包层和套层组成。套层的作用是保护光纤，对光的传播没有什么作用。芯子和包层的折射率不同，其折射率的分布主要有两种形式：连续分布型（又称梯度分布型）和间断分布型（又称阶跃分布型）。

2）光纤的传输过程

首先由发光二极管 LED 或注入型激光二极管 ILD 发出光信号沿光媒体传播,在另一端则有 PIN 或 APD 光电二极管作为检波器接收信号。对光载波的调制为移幅键控法，又称亮度调制（Intensity Modulation）。

典型的做法是在给定的频率下，以光的出现和消失来表示两个二进制数字。发光二极管 LED 和注入型激光二极管 ILD 的信号都可以用这种方法调制,PIN 和 ILD 检波器直接响应亮度调制。功率放大——将光放大器置于光发送端之前，以提高入纤的光功率，使整个线路系统的光功率得到提高。在线中继放大——建筑群较大或楼间距离较远时，可起中继放大作用，提高光功率。前置放大——在接收端的光电检测器之后将微信号进行放大，以提高接收能力。

4．光纤熔接工程技术

1）光纤熔接技术原理

光纤连接采用熔接方式。熔接是通过将光纤的端面熔化后将两根光纤连接到一起的，这个过程与金属线焊接类似，通常要用电弧来完成，如图7-12所示。

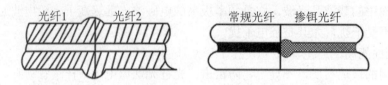

图7-12　光纤熔接示意图

将保护套管套在接合处，然后对它们进行加热。内管是由热缩材料制成的，因此这些套管就可以牢牢地固定在需要保护的地方，加固件可以避免光纤在这一区域受到弯曲。如图7-13所示为光纤熔接保护套管的基本结构和通用尺寸。

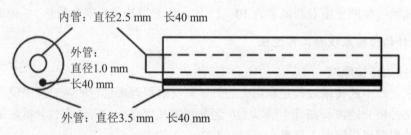

图7-13　光纤熔接保护套管的基本结构和通用尺寸

2）光纤熔接的过程和步骤

（1）开剥光缆，并将光缆固定到接续盒内。

在开剥光缆之前应去除施工时受损变形的部分，使用专用开剥工具，将光缆外护套开剥长度1 m左右，如遇铠装光缆时，用老虎钳将铠装光缆护套里护缆钢丝夹住，利用钢丝线缆外护套开剥，并将光缆固定到接续盒内，用卫生纸将油膏擦拭干净后，穿入接续盒。固定钢丝时一定要压紧，不能有松动。否则，有可能造成光缆打滚折断纤芯。注意事项：剥光缆时不要伤到束管。在剥光纤的套管时要使套管长度足够伸进熔纤盘内，并有一定的滑动余地，使得翻动纤盘时避免套管口上的光纤受到损伤。

（2）分纤。将不同束管、不同颜色的光纤分开，穿过热缩管，如图7-14所示。剥去涂覆层的光纤很脆弱，使用热缩管可以保护光纤熔接头。

图7-14　光纤穿过热缩管

（3）准备熔接机。打开熔接机电源，采用预置的程式进行熔接，并在使用中和使用后及时去除熔接机中的灰尘，特别是夹具、各镜面和 V 形槽内的粉尘和光纤碎末。

（4）制作对接光纤端面。光纤端面制作的好坏将直接影响光纤对接后的传输质量，所以在熔接前一定要做好要被熔接光纤的端面。首先用光纤熔接机配置的光纤专用剥线钳剥去光纤纤芯上的涂覆层，再用沾酒精的清洁棉在裸纤上擦拭几次，用力要适度，如图 7-15 所示。然后用精密光纤切割刀切割光纤，切割长度一般为 10～15 mm，如图 7-16 所示。

图7-15　用剥线钳去除纤芯涂覆层　　　图7-16　用光纤切割刀切割光纤

（5）放置光纤。将光纤放在熔接机的 V 形槽中，小心压上光纤压板和光纤夹具，要根据光纤切割长度设置光纤在压板中的位置，一般将对接的光纤的切割面基本都靠近电极尖端位置，如图 7-17 所示。关上防风罩，按 SET 键即可自动完成熔接。

（6）移出光纤，用加热炉加热热缩管。打开防风罩，把光纤从熔接机上取出，将热缩管放在裸纤中间，再放到加热炉中加热。加热器可使用 20 mm 微型热缩套管和 40 mm 及 60 mm 一般热缩套管，20 mm 热缩管需 40 s，60 mm 热缩套管需 85 s，如图 7-18 所示。

 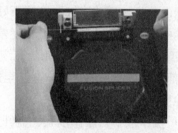

图7-17　放置光纤　　　　　图7-18　用加热炉加热热缩管

（7）盘纤固定。将接续好的光纤盘到光纤收容盘内，在盘纤时，盘圈的半径越大，弧度越大，整个线路的损耗越小。所以一定要保持一定的半径，使激光在光纤传输时，避免产生一些不必要的损耗。

（8）密封和挂起。在野外熔接时，接续盒一定要密封好，防止进水。熔接盒进水后，由于光纤及光纤熔接点长期浸泡在水中，可能会先出现部分光纤衰减增加。最好将接续盒做好防水措施并用挂钩挂在吊线上。至此，光纤熔接完成。

在工程施工过程中，光纤熔接是一项细致的工作，此项工作做得好与坏直接影响整套系统的运行，因为它是整套系统的基础，这就要求在现场操作时仔细观察、规范操作，这样才能提高实践操作技能，全面提高光纤熔接质量。

3）光缆接续质量检查

在熔接的整个过程中，保证光纤的熔接质量、减小因盘纤带来的附加损耗和封盒可能对光纤造成的损害，决不能仅凭肉眼判断好坏。

（1）熔接过程中对每一芯光纤进行实时跟踪监测，检查每一个熔接点的质量。

（2）每次盘纤后，对所盘光纤进行例检，以确定盘纤带来的附加损耗。

（3）封接续盒前对所有光纤进行统一测定，查明有无漏测和光纤预留空间、对光纤及接头有无挤压。

（4）封盒后，对所有光纤进行最后监测，以检查封盒是否对光纤有损害。

4）影响光纤熔接损耗的主要因素

影响光纤熔接损耗的因素较多，大体可分为光纤本征因素和非本征因素两类。光纤本征因素是指光纤自身因素，主要有以下四点。

（1）光纤模场直径不一致。

（2）两根光纤芯径失配。

（3）纤芯截面不圆。

（4）纤芯与包层同心度不佳。

5）影响光纤接续损耗的非本征因素（即接续技术）

（1）轴心错位。单模光纤纤芯很细，两根对接光纤轴心错位会影响接续损耗。

（2）轴心倾斜。当光纤断面倾斜 1° 时，约产生 0.6 dB 的接续损耗，如果要求接续损耗≤0.1 dB，则单模光纤的倾角应为≤0.3°。

（3）端面分离。活动连接器连接不好，很容易产生端面分离，造成连接损耗较大。

（4）端面质量。光纤端面的平整度差时也会产生损耗，甚至气泡。

（5）接续点附近光纤物理变形。光缆在架设过程中的拉伸变形、接续盒中夹固光缆压力太大等，都会对接续损耗有影响，甚至熔接几次都不能改善。

6）其他因素的影响

接续人员操作水平、操作步骤、盘纤工艺水平、熔接机中电极清洁程度、熔接参数设置、工作环境清洁程度等均会影响熔接损耗的值。

7）降低光纤熔接损耗的措施

（1）一条线路上尽量采用同一批次的优质名牌裸纤。

（2）光缆架设按要求进行。

（3）挑选经验丰富、训练有素的光纤接续人员进行接续。

（4）接续光缆应在整洁的环境中进行。

（5）选用精度高的光纤端面切割器来制备光纤端面。

（6）正确使用熔接机。

8）光纤接续点损耗的测量

光损耗是度量一个光纤接头质量的重要指标，有几种测量方法可以确定光纤接头的光损耗，如熔接接头的损耗评估或使用光时域反射仪（Optical Time Domain Reflectometer，

OTDR）等。

（1）熔接接头损耗评估。通过从两个垂直方向观察光纤，计算机处理并分析该图像来确定包层的偏移、纤芯的畸变、光纤外径的变化和其他关键参数，使用这些参数来评价接头的损耗。

（2）使用光时域反射仪。光时域反射仪又称背向散射仪。其原理是：往光纤中传输光脉冲时，由于在光纤中散射的微量光，返回光源侧后，可以利用时基来观察反射的返回光程度。

5. 盘纤的方法

盘纤既是一门技术，也是一门艺术。科学的盘纤方法可使光纤布局合理、附加损耗小、经得住时间和恶劣环境的考验，也可避免因挤压造成的断纤现象。

1）盘纤规则

（1）沿松套管或光缆分歧方向为单元进行盘纤，前者适用于所有的接续工程，后者仅适用于主干光缆末端且为一进多出。

（2）以预留盘中热缩管安放单元为单位盘纤。

（3）特殊情况，如在接续中出现光分路器、上/下路尾纤、尾缆等特殊器件时，要先熔接、热缩、盘绕普通光纤，再依次处理上述情况，为了安全常另一盘操作，以防止挤压引起附加损耗的增加。

2）盘纤的方法

（1）先中间后两边，即先将热缩后的套管逐个放置于固定槽中，然后再处理两侧余纤。优点：有利于保护光纤接点，避免盘纤可能造成的损害。在光纤预留盘空间小、光纤不易盘绕和固定时，常用此种方法。

（2）从一端开始盘纤，固定热缩管，然后再处理另一侧余纤。优点：可根据一侧余纤长度灵活选择铜管安放位置，方便、快捷，可避免出现急弯、小圈现象。

（3）特殊情况的处理，如个别光纤过长或过短时，可将其放在最后，单独盘绕；带有特殊光器件时，可将其另一盘处理；若与普通光纤共盘时，应将其轻置于普通光纤之上，两者之间加缓冲衬垫，以防止挤压造成断纤，且特殊光器件尾纤不可太长。

（4）根据实际情况采用多种图形盘纤。按余纤的长度和预留空间大小，顺势自然盘绕，且勿生拉硬拽，应灵活地采用圆、椭圆、"CC" "～"多种图形盘纤（注意 $R \geqslant 4\mathrm{cm}$），尽可能最大限度利用预留空间和有效降低因盘纤带来的附加损耗。

6. 工程经验

1）光纤涂面层的剥除

光纤涂面层的剥除，首先用左手大拇指和食指捏紧纤芯将光纤纤芯持平，所露长度以 8 cm 为准，将余纤放在无名指、小拇指之间，以增加力度，防止打滑。右手握紧剥线钳，剥纤钳应与光纤垂直，上方向内倾斜一定角度，然后用钳口轻轻卡住光纤，随之用力，顺光纤轴向平推出去。在这需注意的是力度的把握，用力过大，则会将纤芯弄断；力度太小，则光纤涂面层取不掉。

2）裸纤的清洁

在工程的实际应用中，裸纤的清洁在光纤的熔接中起到非常重要的作用，这就要求我们在实际工程中真正地做好裸纤的清洁。在实际工作中应按下面两步操作。

（1）观察光纤剥除部分的涂覆层是否全部剥除，若有残留，应重新剥除。如有极少量不易剥除的涂覆层，可用棉球沾适量酒精，一边浸渍，一边逐步擦除。

（2）将棉花撕成层面平整的小块，沾少许酒精（以两指相捏无溢出为宜），折成"V"形，夹住以剥覆的光纤，顺光纤轴向擦拭，力争一次成功。一块棉花使用 2～3 次后要及时更换，每次要使用棉花的不同部位和层面，这样既可提高棉花利用率，又可防止裸纤的两次污染。

3）裸纤的切割

裸纤的切割是光纤端面制备中最为关键的部分，精密、优良的切刀是基础，而严格、科学的操作规范是保证。

（1）切刀的选择。切刀有手动和电动两种。

（2）操作规范。操作人员应经过专门训练，掌握动作要领和操作规范。

（3）谨防端面污染。热缩套管应在剥覆前穿入，严禁在端面制备后穿入。

4）光纤的熔接

光纤熔接是接续工作的中心环节，因此高性能熔接机和熔接过程中的科学操作是十分必要的。应根据光缆工程要求，配备蓄电池容量和精密度合适的熔接设备。

熔接前根据光纤的材料和类型，设置好最佳预熔主熔电流和时间以及光纤送入量等关键参数。熔接过程中还应及时清洁熔接机"V"形槽、电极、物镜、熔接室等，随时观察熔接中有无气泡、过细、过粗、虚熔、分离等不良现象，注意 OTDR 测试仪表跟踪监测结果，及时分析产生上述不良现象的原因，采取相应的改进措施。如多次出现虚熔现象，应检查熔接的两根光纤的材料、型号是否匹配，切刀和熔接机是否被灰尘污染，并检查电极氧化状况，若均无问题则应适当提高熔接电流。

7.3.3　任务实施

1．准备工具、材料

准备的工具、材料如图 7-19 和图 7-20 所示。

图7-19　光纤熔接机　　　　　　　　　　　图7-20　光纤工具箱

2. 开缆

开缆如图 7-21～图 7-26 所示。

图7-21　拨开外皮

图7-22　拉出钢丝

图7-23　拉出两根钢丝

图7-24　拨开保护套

图7-25　抽出保护套

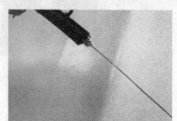
图7-26　完成开缆

3. 剥光纤与清洁

剥光纤与清洁如图 7-27～图 7-32 所示。

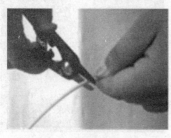
图7-27　拨开尾纤外皮

图7-28　抽出外皮

图7-29　拨开光纤保护套

图7-30　刮下树脂保护膜

图7-31　酒精棉球

图7-32　清洁裸纤

4. 切割光纤与清洁

切割光纤与清洁如图 7-33～7-36 所示。

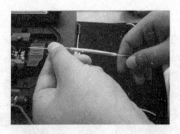

图7-33　安装热缩保护管

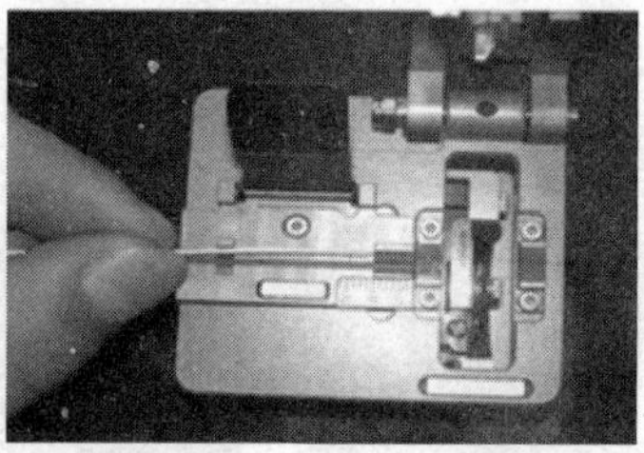

图7-34　放入切割刀导槽

图7-35　放下大小压板

图7-36　光纤切割

5. 安放光纤

安放光纤如图 7-37～图 7-39 所示。

图7-37　放入V形载纤槽

图7-38　盖上防尘盖

图7-39　检查安装位置

6. 熔接

熔接机自动熔接的具体步骤如下。

第一步：检查确认"熔接光纤"项选择正确。

第二步：做光纤端面。

第三步：打开防风罩及光纤大压板，安装光纤。

第四步：盖下防风罩，则熔接机进入"请按键，继续"操作界面；按 RUN 键，熔接机进入全自动工作过程：自动清洁光纤、检查端面、设定间隙、纤芯准直、放电熔接和接点损耗估算，最后将接点损耗估算值显示在显示屏幕上。

第五步：当接点损耗估算值显示在显示屏幕上时，按 FUNCTION 键，显示器可进行 X 轴或 Y 轴放大图像的切换显示。

第六步：按 RUN 键或 TEST 键完成熔接。

7. 加热热缩管

（1）取出熔接好的光纤。依次打开防风罩、左右光纤压板，小心取出接好的光纤，避免碰到电极。

（2）移放热缩管。将事先装套在光纤上的热缩管小心地移到光纤接点处，使两光纤被覆层留在热缩管中的长度基本相等。

（3）加热热缩管。

8. 盘纤固定

将接续好的光纤盘到光纤收容盘内。在盘纤时，盘圈的半径越大，弧度越大，整个线路的损耗越小。所以一定要保持一定的半径，使激光在光纤传输时，避免产生一些不必要的损耗。

9. 盖上盘纤盒盖板

子任务 7.4　冷接

7.4.1　任务分析

1. 任务目的

不用熔接机，用冷接子和快速连接器制作光纤链路。

2. 任务要求

掌握冷接子制作方法

3. 材料及工具

（1）材料：冷接子、无水酒精、无尘纸、SC-SC 跳线、单模光缆。

（2）冷接工具、光缆切割刀、开剥器。

7.4.2　相关知识

1. 光纤冷接技术原理

光纤冷接技术，也称为机械接续，与电弧放电的熔接方式不同，机械接续是把两根处理好端面的光纤固定在高精度 V 形槽中，通过外径对准的方式实现光纤纤芯的对接，同时利用 V 形槽内的光纤匹配液填充光纤切割不平整所形成的端面间隙，这一过程完全无源，因此被称为冷接。作为一种低成本的接续方式，光纤冷接技术在 FTTx 的户线光纤（即皮线光缆）维护工作中被广泛使用。

2. 光纤冷接的性能

影响光纤接续插入损耗的主要因素是端面的切割质量和纤芯的对准误差。熔接接续和机械接续在纤芯对准方面有很大差别,熔接设备通过纤芯成像实现高精度对准,机械接续则主要取决于光纤外径的不圆度偏差以及纤芯/包层的同心度误差。

随着光纤生产技术的不断进步,目前光纤外径的标准差(平均值为 125 mm ±0.3 μm)和纤芯/包层同心度误差(平均值为 0.1 μm)均远远优于 ITU-T(国际电信联盟电信标准分局)建议书中的最大值规定(分别为±2 μm 和±1 μm)。此外,一些光纤机械接续产品的V 形槽对准部件采用的材料具有良好的可延展性,能够在一定程度上弥补光纤外径误差(包括光纤自身尺寸以及光纤表面附着污物所造成的误差)对接续损耗的影响。

3. 光纤冷接技术的特点

与熔接接续方式相比,冷接方式具有以下特点。

(1)工具简单小巧,无须电源,工作环境温度范围宽,适合在各种环境下操作。

(2)操作简单,对操作人员的技能要求低,上手快。

(3)购买全套工具的成本约为熔接方式全套工具成本的 20%,成本较低,能够普及配置。

(4)冷接速度快,由于前期准备工作简单,无须热缩保护,因此,接续每芯光纤所用时间约为熔接接续的 58%。

此外,一般机械接续子在压接完成后仍然可以开启,这可以较大程度地提高接续效率。

4. 光纤冷接在 FTTx 网络中的应用

在现网中,光纤冷接主要用于 FTTx 户线光缆(皮线光缆)部分,这主要是因为户线光缆一般采用皮线光缆接入到户,芯数均在 1~2 芯,且长度较短,对于损耗的要求相对较低,光纤接续点存在着芯数少且多点分散的特点,并且经常需要在高处、楼道内狭小空间、现场取电不方便等场合施工,局限性较大。采用光纤冷接方式更灵活、高效,不仅能够全面、有效地满足线路抢修要求,更有助于降低施工及维护成本。

目前,冷接技术已十分成熟,并逐渐被我们所熟悉,越来越多的光缆维护人员熟悉掌握了该项技术,并能够在日常维护工作中,独立运用冷接技术。随着 FTTx 建设量的加大,光纤用户的增加,今后,将需要更多的人员掌握光纤冷接方式,以适应市场的需求。

5. 光纤冷接的注意事项

(1)请平缓地将光纤插入连接器中。过于随意插入,光纤有可能受到损坏,造成接续性能不良。

(2)冷接子对污染较为敏感,在确定使用前,切勿拆开包装袋。

(3)请使用质量可靠的光纤切割刀,以确保被切割光纤端面的质量。

(4)冷接子可重复拆卸使用,出现问题不宜直接丢弃。

📖　注意：请勿对着连接器端面或者光纤端面观看。通信光为激光，为不可见光，会对眼睛造成伤害。光纤及光纤碎屑坚硬锋利，易扎入手指或蹦入眼中，对人身造成伤害，所以请务必小心操作，建议操作时佩戴防护眼镜。请正确使用光纤切割刀，不使用时，请将切割刀置于闭合状态，以免割伤手指。

7.4.3　任务实施

1.　冷接子制作

（1）皮线光缆开剥。皮线与定位杆末端对齐，如图 7-40 所示。

（2）光纤涂覆层开剥。皮线光缆推至限位台阶，如图 7-41 所示。

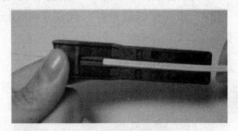

图7-40　皮线光缆开剥　　　　　　　　图7-41　光纤涂覆层开剥

（3）光纤清洁。用无尘纸蘸无水酒精清洁光纤，如图 7-42 所示。

（4）光纤损伤确认。用手指左右、前后弹拨光纤检测损伤±30°，如图 7-43 所示。

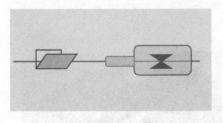

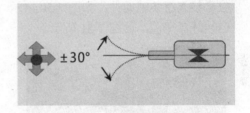

图7-42　光纤清洁　　　　　　　　　　图7-43　光纤损伤确认

（5）光纤定长切割。光纤工具和切割刀台阶顶紧对齐，如图 7-44 所示。

（6）插入光纤（右侧）。光纤段对准槽道插入皮缆后对齐定位台阶下压，如图 7-45 所示。

图7-44　光纤定长切割　　　　　　　　图7-45　插入光纤（右侧）

（7）盖上尾盖（右侧）。盖上尾座盖板，如图 7-46 所示。

（8）插入光纤（左侧）。光纤段对准槽道插入皮缆后对齐定位台阶下压，如图 7-47 所示。

图7-46　盖上尾盖（右侧）

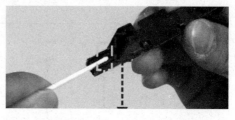

图7-47　插入光纤（左侧）

（9）盖上尾盖（左侧），如图 7-48 所示。

（10）取下组装辅助件，如图 7-49 所示。

图7-48　盖上尾盖（左侧）

图7-49　取下组装辅助件

2. 冷接子重复使用方法

（1）装入组装辅助件，如图 7-50 所示。

（2）开启尾盖，如图 7-51 所示。

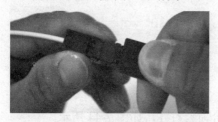

图7-50　装入组装辅助件

图7-51　开启尾盖

（3）拔出光纤，重新组装使用，如图 7-52 所示。

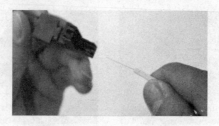

图7-52　拔出光纤，重新组装

任8务

智能楼宇技术

目前世界上对楼宇智能化的提法很多，欧洲、美国、日本、新加坡及国际智能工程学会的提法各有不同。楼宇智能化分会把智能化楼宇定义为：综合计算机、信息通信等方面的最先进技术，使建筑物内的电力、空调、照明、防灾、防盗、运输设备等协调工作，实现建筑物自动化（BA）、通信自动化（CA）、办公自动化（OA）、安全保卫自动化系统（SAS）和消防自动化系统（FAS），将这5种功能结合起来的建筑也称为5A建筑，外加结构化综合布线系统（SCS）、结构化综合网络系统（SNS）、智能楼宇综合信息管理自动化系统（MAS）组成，就是智能化楼宇。

根据智能建筑行业楼宇智能化的特点，在接近工程现场的基础上，包含计算机技术、网络通信技术、综合布线技术、DDC技术等，强化了楼宇智能化系统的设计、安装、布线、接线、编程、调试、运行、维护等工程能力，适合综合布线技术与施工、楼宇智能化工程技术、机电安装工程等相关专业教学。

以智能建筑模型为基础，包含智能大楼、智能小区、管理中心和楼道等典型结构，涵盖了对讲门禁及室内安防、闭路电视监控及周边防范、消防报警联动、综合布线和DDC监控以及照明控制5个系统，各系统既可独立运行，也可实现联动，如图8-1所示。通过此系统项目训练，锻炼学生的团队协作、计划组织、楼宇设备安装与调试、工程实施、职业素养和交流沟通能力等。

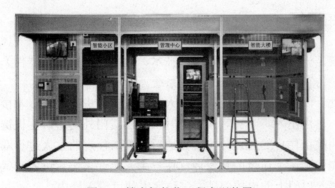

图8-1　楼宇智能化工程实训装置

子任务 8.1　对讲门禁及室内安防系统

8.1.1　任务分析

住宅小区楼宇对讲系统有可视型与非可视型两种基本形式。对讲系统把楼宇的入口、住户及小区物业管理部门三方面的通信包含在同一网络中，成为防止住宅受非法入侵的重要防线，有效地保护了住户的人身和财产安全。

住宅小区的物业管理部门通过小区对讲管理主机，对小区内各住宅楼宇对讲系统的工作情况进行监视。如有住宅楼入口门被非法打开或对讲系统出现故障，小区对讲管理主机会发出报警信号和显示出报警的内容和地点。

1. 任务目的

（1）掌握对讲门禁和室内安防系统的基本组成结构。

（2）会安装对讲门禁和室内安防系统的各个组成部分。

（3）会调试和设置对讲门禁和室内安防系统的参数。

2. 任务要求

（1）要求掌握对讲门禁和室内安防系统的组成结构。

（2）完成每一部件的完整安装。

（3）要求最终功能调试完成。

3. 设备、材料和工具

（1）单元门口主机、单户门口机、室内可视对讲模块、非可视对讲模块、通信转换模块、联网器、管理中心机、门磁开关、家用紧急求助按钮、被动红外探测器、被动红外幕帘探测器、燃气探测器、感烟探测器。

（2）1 把剥线器、小一字螺钉旋具、小十字螺钉旋具、PVC 线槽、23 芯线（红、黑）、1 个钢卷尺、同轴电缆。

8.1.2　相关知识

楼宇对讲系统是采用计算机技术、通信技术、CCD（电荷耦合器件）摄像及视频显像技术而设计的一种访客识别的智能信息管理系统。

楼门平时总处于闭锁状态，避免非本楼人员未经允许进入楼内。本楼内的住户可以用钥匙或密码开门、自由出入。当有客人来访时，需在楼门外的对讲主机键盘上按出被访住户的房间号，呼叫被访住户的对讲分机，接通后与被访住户的主人进行双向通话或可视通话。通过对话或图像确认来访者的身份后，住户主人允许来访者进入，就用对讲分机上的开锁按键打开大楼入口门上的电控门锁，来访客人便可进入楼内。

图 8-2 为对讲门禁及室内安防系统框图。

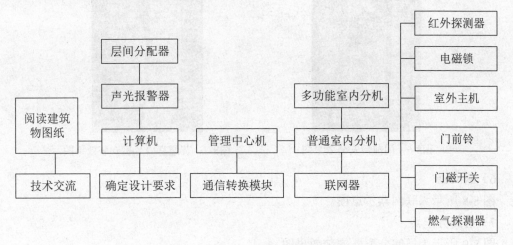

图8-2　对讲门禁及室内安防系统框图

8.1.3　任务实施

1．安装部件说明

1）管理中心机

图 8-3 所示为管理中心机装配图，布线要求：视频信号线采用 SYV75-3 同轴电缆。

2）室外主机

图 8-4 所示为室外主机装配效果图。

3）多功能室内分机

图 8-5 所示为多功能室内分机装配效果图。

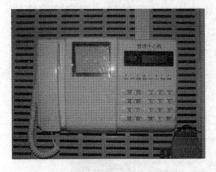  

图8-3　管理中心机装配图　　　图8-4　室外主机装配效果图　　　图8-5　多功能室内分机
　　　　　　　　　　　　　　　　　　　　　　　　　　　　　　　　　　　　　装配效果图

4）门前铃

图 8-6 所示为门前铃安装效果图。

5）普通室内分机

图 8-7 所示为普通室内分机安装效果图。

图8-6 门前铃安装效果图

图8-7 普通室内分机安装效果图

6）联网器

图 8-8 所示为联网器示意图。

7）层间分配器

图 8-9 所示为层间分配器安装效果图。

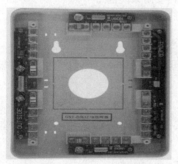
图8-8 联网器示意图

图8-9 层间分配器安装效果图

8）安防探测器

（1）紧急求助按钮。当银行、家庭、机关、工厂等场合出现入室抢劫、盗窃等险情或其他异常情况时，往往需要采用人工操作来实现紧急报警。这时可采用紧急报警按钮开关，如图 8-10 所示，安装在"智能小区"室内，位置要适中，便于操作。

（2）门磁。门磁是由永久磁铁和干簧管（又称磁簧管或磁控管）两部分组成的，如图 8-11 所示。干簧管是一个内部充有惰性气体（如氨气）的玻璃管，内装有两个金属簧片，形成触点。固定端和活动端分别安装在"智能小区"的门框和门扇上。

图8-10 紧急求助按钮安装效果

图8-11 门磁安装效果

（3）烟雾探测器。烟雾探测器也被称为感烟式火灾探测器、烟感探测器和感烟探测器等，主要应用于消防系统，在安防系统建设中也有应用。感烟火灾探测器采用特殊结构设计的光电传感器，采用 SMD（表面黏着技术）贴片加工工艺生产，具有灵敏度高、稳定可靠、低功耗、美观耐用、使用方便等特点，可进行模拟报警测试，如图 8-12 所示。

（4）被动红外探测器。被动红外探测器又称热感式红外探测器，不需要附加红外辐射光源，本身不向外界发射任何能量，而是探测器直接探测来自移动目标的红外辐射，因此有被动式之称。一般用于对重要出入口入侵警戒及区域防护。安装在门口附近，并且方向要面向门口以保证其灵敏度，如图 8-13 所示。

图8-12　烟雾探测器安装效果　　　　图8-13　被动红外探测器安装效果

（5）幕帘探测器。幕帘探测器一般是采用红外双向脉冲记数的工作方式，即 A 方向到 B 方向报警，B 方向到 A 方向不报警，因幕帘探测器的报警方式具有方向性，所以也叫作方向幕帘探测器，便于用户在设防的警戒区域内活动，同时又不触发报警系统，如图 8-14 所示。

（6）燃气探测器。本探测器采用长寿命气敏传感器，具有传感器失效自检功能。感应气体：煤气、天然气、液化石油气。燃气探测器安装在"智能小区"的门口两侧，位置要适中，如图 8-15 所示。

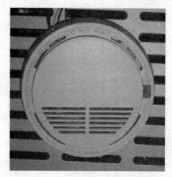

图8-14　幕帘探测器安装效果　　　　图8-15　燃气探测器安装效果

2. 系统总体接线图

系统总体接线图如图 8-16 所示。

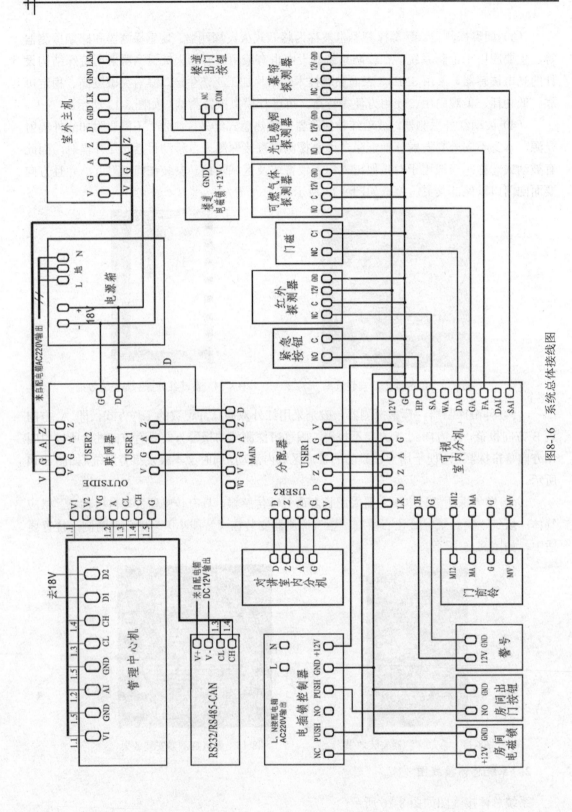

图8-16 系统总体接线图

3. 通过调试该系统能实现的功能

（1）设置室外主机地址为 001 栋 01 单元。

（2）设置室内分机地址，分别为 101 房间、201 房间，给每个房间配置一张 ID 卡。

（3）室外主机呼叫室内分机，实现可视对讲。

（4）室内分机呼叫管理中心机，实现对讲。

（5）室外主机呼叫管理中心机，实现可视对讲。

（6）设置 ID 卡，实现刷卡开锁。

（7）单元用户密码开锁。

（8）室内分机主动开锁。

（9）可视对讲软件能记录并处理开门与报警信息。

（10）多功能室内分机实现安防功能。

（11）按下紧急按钮，室内分机立即将报警信号上传到管理中心机，声光报警器不发声。

（12）居家布防时，红外和幕帘探测器功能被禁闭，其他探测器工作正常。

（13）外出布防时，所有探测器均能正常工作。

（14）室内分机检测到探测器动作后，启动声光报警器，同时上报给管理中心机。

子任务 8.2　闭路电视监控及周边防范系统

　　闭路电视监控及周边防范系统是安全防范技术体系中的一个重要组成部分，是一种先进的、防范能力极强的综合系统。它可以通过遥控摄像机及其辅助设备直接观看被监视场所的一切情况，把被监视场所的图像传送到监控中心，同时还可以把被监视场所的图像全部或部分地记录下来，为日后某些事件的处理提供了方便条件和重要依据。

　　本系统中视频监控系统由监视器、矩阵主机、硬盘录像机、红外对射探测器、门磁开关、高速球云台摄像机、一体化摄像机、红外摄像机、常用的枪式摄像机以及常用的报警设备组成，如图 8-17 所示。它能与安防系统实现报警联动，可完成对智能大楼门口、智能大楼、管理中心等区域的视频监视及录像。

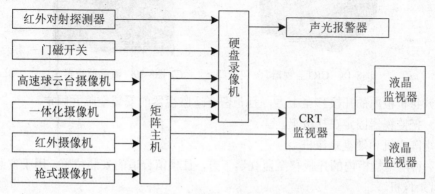

图8-17　闭路电视监控及周边防范系统框图

8.2.1　任务分析

1. 任务目的

（1）掌握闭路电视监控及周边防范系统的构成部件。

（2）掌握闭路电视监控及周边防范系统的安装方法。

（3）掌握整个系统的常见故障排除。

（4）掌握常用工具和操作技巧。

2. 任务要求

（1）完成闭路电视监控及周边防范系统各个设备的安装。

（2）完成闭路电视监控及周边防范系统的功能调试。

（3）完成视频线的 BNC（卡扣配合型连接器）接头制作。

（4）排除接线中出现的短路等常见故障。

3. 设备、材料和工具

（1）监视器、矩阵主机、硬盘录像机、红外对射探测器、门磁开关、高速球云台摄像机、一体化摄像机、红外摄像机、常用的枪式摄像机以及常用的报警设备。

（2）小一字螺钉旋具、小十字螺钉旋具、PVC 线槽、23 芯线（红、黑）、1 把剥线器、电烙铁、同轴电缆。

8.2.2　相关知识

以下介绍闭路电视监控及周边防范系统的主要模块。

1）监视器有两种类型，分别是 CRT 监视器和液晶监视器，如图 8-18 和图 8-19 所示。

图8-18　CRT监视器　　　　　　　　图8-19　液晶监视器

（1）将机柜内的托板移至上方，且预留合适监视器的安装空隙并固定。

（2）把监视器固定在托板上。

2）矩阵主机和硬盘录像机

（1）将网络机柜内的托板移至监视器下方，且预留合适的安装位置，用于安装矩阵主机和硬盘录像机。

（2）将硬盘录像机固定到网络机柜内的托板上，图 8-20 所示为硬盘录像机。

（3）将矩阵主机固定到网络机柜内的硬盘录像机上，图 8-21 所示为短阵主机。

图8-20　硬盘录像机

图8-21　矩阵主机

3）高速球云台摄像机

把高速球云台摄像机的电源线、485 总线、视频线穿过高速球云台摄像机支架，并将支架固定到智能大楼外侧面的网孔板上，且固定高速球云台的罩壳到支架上。将高速球云台摄像机的透明罩壳固定到罩壳。图 8-22 所示为高速球云台摄像机。

4）枪式摄像机

（1）取出自动光圈镜头，并将其固定到枪式摄像机的镜头接口。

（2）将摄像机支架固定到智能大楼的前网孔板右边。

（3）将摄像机固定到摄像机支架上，并调整摄像机，使镜头对准楼道，如图 8-23 所示。

图8-22　高速球云台摄像机

图8-23　枪式摄像机

5）红外摄像机

（1）将摄像机的支架固定到管理中心的网孔板左边。

（2）将红外摄像机固定到摄像支架上，并调整摄像机，使镜头对准管理中心，如图 8-24 所示。

6）室内全方位云台及一体化摄像机

（1）将室内全方位云台固定到智能大楼正面网孔板的左上角。

（2）固定一体化摄像机到室内全方位云台上，如图 8-25 所示。

图8-24　红外摄像机

图8-25　室内全方位云台及一体化摄像机

7）解码器

将解码器固定到室内全方位云台的右边。图 8-26 所示为解码器。

8）红外对射探测器

主动红外探测器目前采用最多的是用红外线对射式。由一个红外线发射器和一个接收器以相对方式布置组成。当非法入侵者横跨门窗或其他防护区域时，挡住了不可见的红外光束，从而引发报警。一般较多被用于周界防护探测器。该探测器是用来警戒院落周边最基本的探测器。其原理是用肉眼看不到红外线光束形成的一道保护开关。将红外对射探测器安装在"智能大楼"的门口两侧，位置要适中，如图8-27所示。

图8-26 解码器

发射器　　　　接收器

图8-27 红外对射探测器

8.2.3 任务实施

1. 视频线的 BNC 接头制作

BNC 接头有压接式、组装式和焊接式，制作压接式 BNC 接头需要专用卡线钳和电工刀。本操作以焊接式 BNC 接头为例。制作步骤如下。

1）剥线

同轴电缆由外向内分别为保护胶皮、金属屏蔽网线（接地屏蔽线）、乳白色透明绝缘层和芯线。芯线由一根或几根铜线构成，金属屏蔽网线是由金属线编织的金属网，内外层导线之间用乳白色透明绝缘物填充，内外层导线保持同轴，故称为同轴电缆。本实训中采用同轴电缆的芯线由单根铜线组成，如图 8-28 所示。

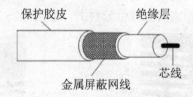

保护胶皮　　　　　　绝缘层

芯线

金属屏蔽网线

图8-28 同轴电缆的结构

用小刀将同轴电缆外层保护胶皮划开剥去 1.0 cm 长的保护胶皮，把裸露出来的金属网理成一股金属线，将芯线外的透明绝缘层剥去 0.4 cm 长，使芯线裸露。

2）连接芯线

一般情况下，芯线插针固定在 BNC 接头的本体中。把屏蔽金属套筒和尾巴穿入同轴电缆中，将拧成一股的同轴电缆金属屏蔽网线穿过 BNC 本体固定块上的小孔，并使同轴电缆的芯线插入芯线插针尾部的小孔中，同时用电烙铁焊接芯线与芯线插针，焊接金属屏蔽网线与 BNC 本体固定块。

3）压线

使用电工钳将固定块卡紧同轴电缆，将屏蔽金属套筒旋紧 BNC 本体。重复上述方法在同轴电缆另一端制作 BNC 接头，即制作完成。

4）测试

使用万用电表检查视频电缆两端 BNC 接头的屏蔽金属套筒与屏蔽金属套筒之间是否导通，芯线插针与芯线插针之间是否导通，若其中有一项不导通，则视频电缆断路，需重新制作。

2. 万向云台和解码器之间的连接

图 8-29 所示为万向云台和解码器接线图。

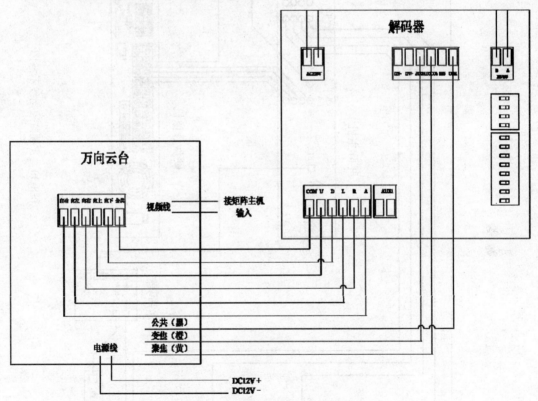

图8-29　万向云台和解码器接线图

3. 摄像机、矩阵主机、硬盘录像机和监视器之间的连接

图 8-30 所示为视频监控接线示意图。

155

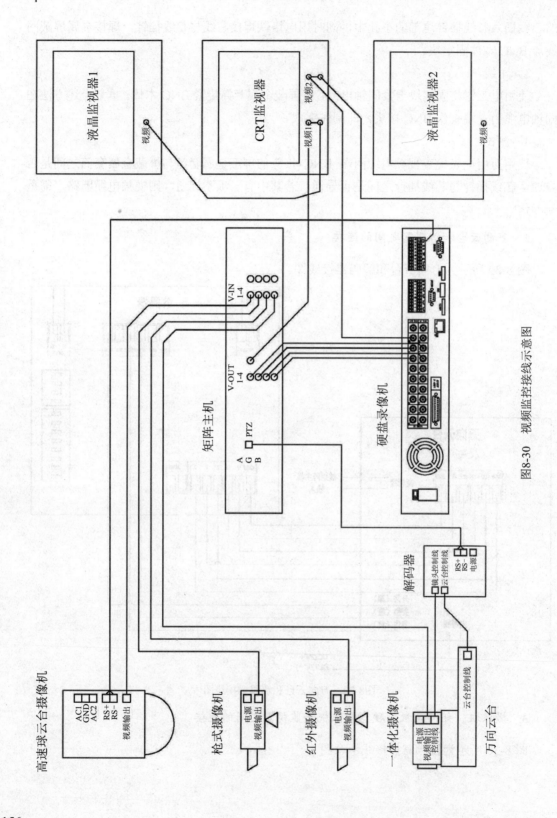

图8-30 视频监控接线示意图

其中，高速球云台摄像机的电源为 AC（交流电）24 V，枪式摄像机、红外摄像机、一体化摄像机的电源为 DC（直流电）12 V，解码器、矩阵主机、硬盘录像机、监视器的电源为 AC220 V。

4. 周边防范系统接线

红外对射探测器到电源输入连接到开关电源到 DC12 V 输出；且其接收器到公共端 COM 连接到硬盘录像机报警接口的 Ground，常闭端 NC 连接到硬盘录像机报警接口的 ALARM IN 1。

图 8-31 所示为周边防范系统接线。

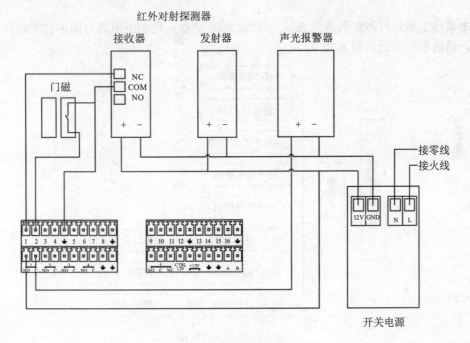

图8-31　周边防范系统接线

5. 通过调试该系统应实现的功能

（1）各类常见设备的安装与接线操作。

（2）监视器的图像调整、视频切换、浏览设置。

（3）矩阵输出视频的切换，包括不同输出通道的切换、输出视频的切换。

（4）矩阵视频队列切换，使输出的视频按照一定的时间、顺序进行切换。

（5）矩阵控制云台转动、调节镜头、预置点设置。

（6）硬盘录像机视频切换，实现单画面的切换及四画面的切换。

（7）硬盘录像机控制云台转动、调节镜头、自动轨迹、线扫的操作。

（8）手动录像及录像查询。

（9）定时录像及录像查询。

（10）硬盘录像机报警联动录像，实现外部报警输入、动态监测报警输入、联动录像、报警、云台自动控制及录像查询。

子任务 8.3　消防报警联动系统

　　消防报警联动系统是楼宇智能化工程实训系统的一个组成部分，具有独立性。它主要由火灾报警控制器、输入/输出模块及模拟消防设备（消防泵、排烟机、防火卷帘门）和多种消防探测器（感烟探测器、感温探测器）等组成。

8.3.1　任务分析

　　本系统主要是对消防系统的安装、布线、编程调试、联动应用等方面的技能进行考核、实训。消防系统框图如图 8-32 所示。

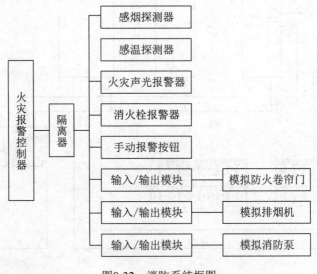

图8-32　消防系统框图

1. 任务目的

（1）熟练掌握消防报警联动系统的各个组成部分。

（2）掌握消防报警联动系统的安装接线和功能调试。

（3）掌握常用工具和操作技巧。

2. 任务要求

（1）完成消防报警联动系统的设备连接。

（2）完成消防报警联动系统的功能调试。

（3）排除端接中出现的常见故障。

3. 设备、材料和工具

　　（1）火灾报警控制器、输入/输出模块及模拟消防设备（消防泵、排烟机、防火卷帘门）和多种消防探测器（感烟探测器、感温探测器）。

（2）电子编码器、1 把剥线器、小一字螺钉旋具、小十字螺钉旋具、PVC 线槽、23 芯线（红、黑）。

8.3.2 相关知识

1．JB-QB-GST200 火灾报警控制器

JB-QB-GST200（以下简称为 GST200）火灾报警控制器（联动型）是海湾公司推出的新一代火灾报警控制器，为适应工程设计的需要，本控制器兼有联动控制功能，它可与海湾公司的其他产品配套使用组成配置灵活的报警联动一体化控制系统，因而具有较高的性价比，特别适用于中小型火灾报警及消防联动一体化控制系统。

图8-33 GST200火灾报警
控制器安装效果图

本控制器的供电电源为低压开关电源，对主电、备电均做稳压处理，保证低压时系统仍能正常工作。充电部分采用开关恒流定压充电，保证交流最低电压达 187 V 时，仍能使电池快速充电。本控制器具有备电保护功能，备电供电时，如备电电压低于 10 V，系统将自动切断备电。

图 8-33 所示为 GST200 火灾报警控制器安装效果图。

2．消防探测器

1）JTY-GD-G3 智能光电感烟探测器

JTY-GD-G3 智能光电感烟探测器采用红外线散射的原理探测火灾。在无烟状态下，只接收很弱的红外光，当有烟尘进入时，由于散射的作用，使接收光信号增强；当烟尘达到一定浓度时，便输出报警信号。该探测器采用电子编码方式，通过编码器读/写地址。图 8-34 所示为智能光电感烟探测器外形示意图。

2）JTW-ZCD-G3N 智能电子差定温感温探测器

JTW-ZCD-G3N 智能电子差定温感温探测器采用热敏电阻作为传感器，当单片机检测到火警信号后，向控制器发出火灾报警信息，并通过控制器点亮火警指示灯。要求消防探测器安装在各个房间的"天花板"上。图 8-35 所示为点型感温探测器安装效果图。

图8-34 智能光电感烟探测器外形示意图

图8-35 点型感温探测器安装效果图

3．手动报警按钮、消火栓按钮

1）J-SAM-GST9122 手动火灾报警按钮（带电话插孔）

J-SAM-GST9122 手動火災報警按鈕（含電話插孔）一般安裝在公共場所，當人工確認發生火災後，按下報警按鈕上的有機玻璃片，即可向控制器發出報警信號。控制器接收到報警信號後，將顯示出報警按鈕的編號或位置並發出報警聲響，此時只要將消防電話分機插入電話插座即可與電話主機通信。圖 8-36 所示為手動火災報警按鈕安裝效果圖。

2）端子說明

Z1、Z2：無極性信號二總線端子；K1、K2：常開輸出端子。

要求消防報警按鈕、手動報警按鈕分別裝在"智能大樓"室內的牆上，以便於操作。

4. 聲光報警器

HX-100B 火災聲光報警器（以下簡稱報警器）用於在火災發生時提醒現場人員注意。啟動後報警器發出強烈的聲光警號，以達到提醒現場人員注意的目的。要求聲光報警器安裝在樓道中的合適位置。圖 8-37 所示為聲光報警器安裝效果圖。

圖8-36 手動火災報警按鈕安裝效果圖

圖8-37 聲光報警器安裝效果圖

5. GST-LD-8301 輸入/輸出模塊

GST-LD-8301 輸入/輸出模塊採用電子編碼器進行編碼，模塊內有一對常開、常閉觸點。模塊具有直流 24 V 電壓輸出，用於與繼電器的觸點接成有源輸出，以滿足現場的不同需求。它主要用於各種一次動作並有動作信號輸出的被動型設備，如排煙閥、送風閥、防火閥等接入到控制總線上。圖 8-38 所示為 GST-LD-8301 輸入/輸出模塊安裝效果圖。

6. 隔離器

GST-LD-8313 隔離器用於隔離總線上發生短路的部分，以保證總線上其他的設備能正常工作。待故障修復後，總線隔離器會自行將被隔離的部分重新納入系統。此外，使用隔離器還能便於確定總線發生短路的位置。圖 8-39 所示為 GST-LD-8313 隔離器。

圖8-38 GST-LD-8301輸入/輸出模塊安裝效果圖

圖8-39 GST-LD-8313隔離器

7. 系統接線圖

圖 8-40 所示為系統接線圖。

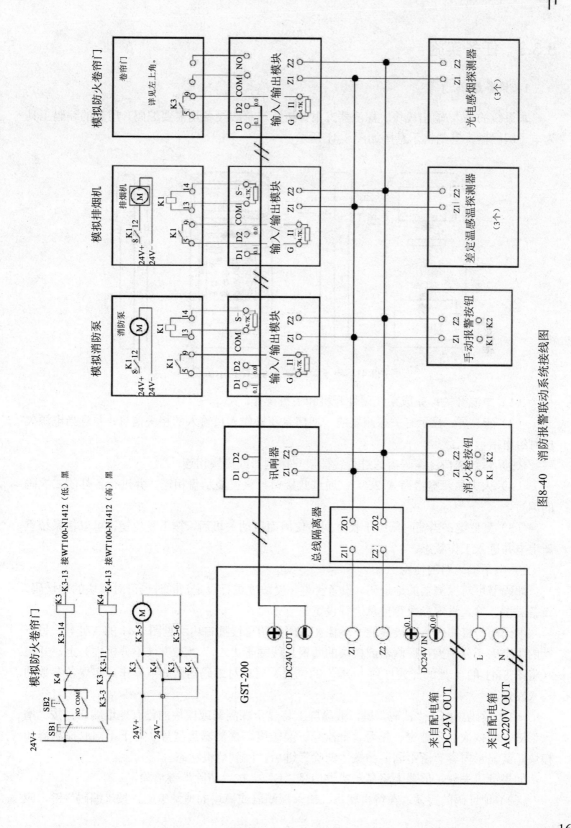

图8-40　消防报警联动系统接线图

161

8.3.3 任务实施

1. 设备编码

本系统的输入/输出模块、探测器、报警按钮等总线设备均需要编码，用到的编码工具为电子编码器，其结构示意图如图 8-41 所示。

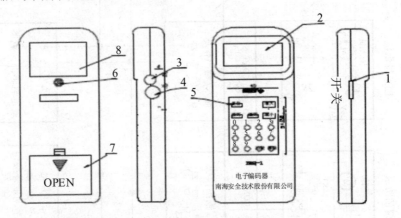

图8-41 电子编码器的功能结构示意图

（1）电源开关：完成系统硬件开机和关机操作。

（2）液晶屏：显示有关探测器的一切信息和操作人员输入的相关信息，并且当电源欠压时给出指示。

（3）总线插口：编码器通过总线插口与探测器或模块相连。

（4）火灾显示盘接口（I2C）：通过此接口与火灾显示盘相连，并进行各灯的二次码的编写。

（5）复位键：当编码器由于长时间不使用而自动关机后，按下复位键，可以使系统重新上电并进入工作状态。

1）电子编码器的使用

编码器可对探测器的地址码、设备类型、灵敏度进行设定，同时也可对模块的地址码、设备类型、输入设定参数等信息进行设定。

编码前，将编码器连接线的一端插在编码器的总线插口内（见图 8-41 的 3 处），另一端的两个夹子分别夹在探测器或模块的两根总线端子"Z1""Z2"（不分极性）上。开机（将图 8-41 的 1 处的开关打到"ON"的位置）后可对编码器做如下操作，实现各参数的写入设定。

（1）读码。按下"读码"键，液晶屏上将显示探测器或模块的已有地址编码；按"增大"键，将依次显示脉宽、年号、批次号、灵敏度、探测器类型号（对于不同的探测器和模块，其显示内容有所不同）；按"清除"键后，回到待机状态。

如果读码失败，屏幕上将显示错误信息"E"，按"清除"键清除。

（2）地址码的写入。在待机状态，输入探测器或模块的地址编码，按"编码"键，应显示符号"P"，表明编码完成；按"清除"键，则回到待机状态。

（3）探测器灵敏度或模块输入设定参数的写入（此步骤只需了解，不建议操作，因相关参数在产品出厂前均已设置好）。注意：为防止非专业人员误修改一些重要数据，编码器加有密码锁，开锁密码为"456"，加锁密码为"789"，请不要随便操作。

2）编码设置

（1）将电子编码器连接线的一端插在编码器的总线插口内，另一端的两个夹子分别夹在光电感烟探测器的两根总线端子"Z1""Z2"（不分极性）上。

（2）将电子编码器的开关打到"ON"的位置，然后按下编码器上的"清除"键，让编码器回到待机状态，然后用编码器上的数字键输入"1"，再按下"编码"键，此时编码器若显示符号"P"，则表明编码完成。

（3）按下编码器上的"清除"键，让编码器回到待机状态，然后按下编码器的"读码"键，此时液晶屏上将显示探测器的已有地址编码。学会编码器的使用后，把本系统各个模块、探测器等总线设备按表 8-1 中的地址进行编码。

表 8-1　设备地址

序　号	设备型号	设备名称	编　码
1	GST-LD-8301	输入/输出模块	01
2	GST-LD-8301	输入/输出模块	02
3	GST-LD-8301	输入/输出模块	03
4	HX-100B	讯响器	04
5	J-SAM-GST9123	消火栓按钮	05
6	J-SAM-GST9122	手动报警按钮	06
7	JTW-ZCD-G3N	智能电子差定温感温探测器	07
8	JTY-GD-G3	智能光电感烟探测器	08
9	JTW-ZCD-G3N	智能电子差定温感温探测器	09
10	JTY-GD-G3	智能光电感烟探测器	10
11	JTW-ZCD-G3N	智能电子差定温感温探测器	11
12	JTY-GD-G3	智能光电感烟探测器	12

注意：在操作过程中，如果液晶屏前部有"LB"字符显示，表明电池已经欠压，应及时进行更换。更换前应关闭电源开关，从电池扣上拔下电池时不要用力过大。

2. 设置火灾报警控制器参数

设置火灾报警控制器参数之前，先学习火灾报警控制器的使用。

1）修改时间操作步骤

按下"系统设置"键，进入系统设置操作菜单，如图 8-42 所示，再按对应的数字键可进入相应的界面。

进入系统设置界面需要使用管理员密码（或更高级别密码）解锁后才能进行操作。

按 1 键进入"时间设置"界面，屏幕上会出现如图 8-43 所示的显示。

```
*修改密码操作*
1 用户密码
2 气体操作密码
3 管理员密码


手动[√]自动[√]喷洒[√]   12:05
```

图8-42   修改密码操作

```
请输入当前时间
2017 年 11 月 05 日 12 时 02 分 14 秒


手动[√]自动[√]喷洒[√]   12:02
```

图8-43   时间设置

通过按"△""▽"键，选择欲修改的数据块（年、月、日、时、分、秒的内容）；按"◁""▷"键，使光标停在数据块的第一位，逐个输入数据。修改完毕后，按"确认"键，便得到了新的系统时间。时间（时、分）在屏幕窗口的右下角显示。

2）设备定义

控制器外接的设备包括火灾探测器、联动模块、火灾显示盘、网络从机、光栅机、多线制控制设备（直控输出定义）等。这些设备均需进行编码设定，每个设备对应一个原始编码和一个现场编码，设备定义就是对设备的现场编码进行设定。

以下介绍现场设备的定义实例。

（1）手动消防启动盘控制一般性设备的定义实例。

例：原码为 112 号的控制模块用于控制位于第三楼区第二层的排烟机的启动，现将其用户编码设定为 032072 号，并由手动消防启动盘的 2 号键直接控制。因为排烟机带有启动自锁功能，所以控制模块给出一个脉冲控制信号，即可完成排烟机的启动，故其设备特性设置应为脉冲方式，具体设备定义操作如图 8-44 所示。

（2）手动消防启动盘控制气体灭火设备启动定义实例。

为保障气体喷洒设备受到控制器专门为它们提供的可靠性保护，气体灭火控制盘的启动点、停动点两个控制码必须对应地定义为"气体启动""气体停动"类，并且都应该设成电平型控制输出。另外，为方便在中控室对气体设备进行控制，可以将"气体启动"和"气体停动"点分别定义为对应的手动键。图 8-45 为二楼机房的气体灭火启动设备的定义实例，按下手动消防启动盘的对应按键，控制器即可发出启动气体灭火设备的命令。

```
*外部设备定义*
 原码：112 号  键值: 02
二次码：032072-19 排烟机
设备状态：1 [脉冲启]
注释信息：
55604763417217240000000000000
总线设备


手动[√]自动[√]喷洒[√]   12:50
```

图8-44   外部设备定义操作（一）

```
*外部设备定义*
 原码：112 号  键值: 08
二次码：022054-37 气体启动
设备状态：2 [电平启]
注释信息：
55604763417217240000000000000
二楼机房


手动[√]自动[√]喷洒[√]   12:55
```

图8-45   外部设备定义操作（二）

3）联动编程

联动公式是用来定义系统中报警信息与被控设备间联动关系的逻辑表达。当系统中的探测设备报警或被控设备的状态发生变化时，控制器可按照这些逻辑表达式自动地对被控设备执行"立即启动""延时启动""立即停动"操作。本系统联动公式由等号分成前后两部分，前面为条件，由用户编码、设备类型及关系运算符组成；后面为被联动的设备，由用户编码、设备类型及延时启动时间组成。

例 1：01001103 + 02001103 = 01001213 00 01001319 10

表示：当 010011 号光电感烟探测器或 020011 号光电感烟探测器报警时，010012 号讯响器立即启动，010013 号排烟机延时 10 s 启动。

例 2：01001103 + 02001103 = × 01205521 00

表示：当 010011 号光电感烟探测器或 020011 号光电感烟探测器报警时，012055 号新风机立即停动。

> 📖 注意：联动公式中的等号有四种表达方式，分别为"=""= =""=×""= =×"。联动条件满足时，表达式为"=""=×"时，被联动的设备只有在"全部自动"的状态下才可进行联动操作；表达式为"= =""= =×"时，被联动的设备在"部分自动"及"全部自动"状态下均可进行联动操作。"=×""= =×"代表停动操作，"=""= ="代表启动操作。等号前后的设备都要求由用户编码和设备类型构成，类型不能省略。关系符号有"与""或"两种，其中"+"代表"或"，"×"代表"与"。等号后面的联动设备的延时时间为 0～99 s，不可缺省，若无延时需输入"00"来表示，联动停动操作的延时时间无效，默认为 00。

选择系统设置菜单的第 5 项，则进入"联动编程操作"界面，如图 8-46 所示。此时可通过键入"1""2""3"来选择欲编辑的联动公式的类型。

联动公式的输入方法如图 8-47 所示的界面。

```
*联动编程操作*
1 常规联动编程
2 气体联动编程
3 预警设备编程
_____
手动[√]自动[√]喷洒[√]   13:10
```

图8-46　联动编程操作

```
新建编程　第 002 条　　共 001 条
10102103+10102003=10100613 00_
_____
手动[√]自动[√]喷洒[√]   13:10
```

图8-47　联动公式的输入方法

在联动公式编辑界面，反白显示的为当前输入位置，当输入完 1 个设备的用户编码与设备类型后，光标处于逻辑关系位置，可以按 1 键输入"+"号，按 2 键输入"×"号，按 3 键进入条件选择界面，按屏幕提示可以按键选择"=""= =""=×""= =×"；公式编辑过程中在需要输入逻辑关系的位置，只有按标有逻辑关系的 1、2、3 按键可有效输入逻辑关系；公式中需要空格的位置，按任意数字键均可插入空格。

在编辑联动公式的过程中，可利用"◁""▷"键改变当前的输入位置，如果下一位置为空，则回到首行。

常规联动编程：选择第一项，则进入"联动编程操作"界面，如图 8-48 所示，通过选择 1、2、3 可对联动公式进行新建、修改及删除。

新建联动公式：系统自动分配公式序号，输入欲定义的联动公式并按"确认"键，则将联动公式存储；按"取消"退出。本系统设有联动公式语法检查功能，如果输入的联动公式正确，按"确认"键后，此条联动公式将存于存储区末端，此时屏幕显示与图 8-49 相同的画面，只是显示的公式序号自动加一；如果输入的联动公式存在语法错误，按"确认"键后，液晶屏将提示操作失败，等待重新编辑，且光标指向第一个有错误的位置。

```
*联动编程操作*
1 新建联动公式
2 修改联动公式
3 删除设备公式

手动[√]自动[√]喷洒[√]   13:12
```

图8-48 常规联动编程操作界面

```
新建编程   第 002 条      共 001 条

手动[√]自动[√]喷洒[√]   13:12
```

图8-49 新建联动公式

修改联动公式：输入要修改的公式序号，确认后控制器将此序号的联动公式调出显示，等待编辑修改，如图 8-50 所示。

与新建联动公式相同，在更改联动公式时也可利用"◁""▷"键使光标指向欲修改的字符，然后再进行相应的编辑，这里就不再赘述。

删除联动公式：输入要删除的公式号，按"确认"键执行删除，按"取消"键放弃删除，如图 8-51 所示。

```
新建编程   第 002 条      共 001 条
10102103+10102003=10100613 00_

手动[√]自动[√]喷洒[√]   13:10
```

图8-50 修改联动公式

```
删除编程   第 002 条      共 003 条

手动[√]自动[√]喷洒[√]   13:15
```

图8-51 删除联动公式

注意：当输入的联动公式序号为"255"时，将删除系统内所有的联动公式，同时屏幕提示确认删除信息，如图 8-52。连按三次"确认"键删除，按"取消"键退出。

```
删除编程   第 255 条      共 003 条

   此操作将删除所有联动公式！
按"确认"键删除，按"取消"键退出

手动[√]自动[√]喷洒[√]   13:15
```

图 8-52 删除信息

4）编程设置

学会设备的使用后即可对本系统进行编程设置，将总线设备按表 8-2 进行设备定义。

表 8-2　设备定义

序　号	设备型号	设 备 名 称	编　码	二　次　码	设 备 定 义
1	GST-LD-8301	输入/输出模块	01	000001	16（消防泵）
2	GST-LD-8301	输入/输出模块	02	000002	19（排烟机）
3	GST-LD-8301	输入/输出模块	03	000003	27（卷帘门下）
4	HX-100B	声光报警器（讯响器）	04	000004	13（讯响器）
5	J-SAM-GST9123	消火栓按钮	05	000005	15（消火栓）
6	J-SAM-GST9122	手动报警按钮	06	000006	11（手动按钮）
7	JTW-ZCD-G3N	智能电子差定温感温探测器	07	000007	02（点型感温）
8	JTY-GD-G3	智能光电感烟探测器	08	000008	03（点型感烟）
9	JTW-ZCD-G3N	智能电子差定温感温探测器	09	000009	02（点型感温）
10	JTY-GD-G3	智能光电感烟探测器	10	000010	03（点型感烟）
11	JTW-ZCD-G3N	智能电子差定温感温探测器	11	000011	02（点型感温）
12	JTY-GD-G3	智能光电感烟探测器	12	000012	03（点型感烟）

定义完毕，即可进行编程设置，作如下设置。

（1）******02+******03+******11+******15=******13 00

（2）******03=******19 00 ******16 05******27 10

（3）******02+******15=******16 00******27 00

（4）******03×******11=******16 00

5）设备注册操作

在系统设置操作状态下，键入"6"便进入调试操作状态，如图 8-53 所示。调试状态提供了设备直接注册、数字命令操作、总线设备调试、更改设备特性、恢复出厂设置 5 种操作。

```
*调试状态操作*
    1 设备直接注册
    2 数字命令操作
    3 总线设备调试
    4 更改设备特性
    5 恢复出厂设置
─────────────────────
手动[√]自动[√]喷洒[×]  15:26
```

图8-53　调试状态操作

在图 8-53 界面下选择"设备直接注册"，系统可对外部设备、显示盘、手动盘、从机、多线制盘重新进行注册并显示注册信息，而不影响其他信息，如图 8-54 所示。

例如，外部设备的注册如图 8-55 所示。

```
*设备直接注册*
1 外部设备注册
2 通信设备注册
3 控制操作盘注册
4 从机注册
_____
手动[√]自动[√]喷洒[×]  15:26
```

```
---总线设备注册---
编码 001    数量 001
总数        重码
_____
手动[√]自动[√]喷洒[×]  15:26
```

图8-54 设备直接注册   图8-55 外部设备注册

其他设备的注册操作类似，均在注册结束后，显示注册结果。

6）实现功能

如上设置完毕，即可实现如下功能。

（1）任何消防探测器动作或消防报警按钮（手动报警按钮、消火栓按钮）按下，立即启动声光报警器。

（2）感烟探测器动作，立即启动排烟机，延时 5 s 启动消防泵，延时 10 s 降下防火卷帘门。

（3）感温探测器动作或者消火栓按钮按下，立即启动消防泵，降下防火卷帘门。

（4）感烟探测器动作，并且手动按钮按下，立即启动消防泵。

任务9务

图纸绘制

综合布线系统在设计的过程中必须要根据实际情况完成工程图纸的绘制，绘制清晰标准的平面布局和施工图纸是综合布线工程设计的一个重要内容。

子任务 9.1　Visio 平面布局图绘制

9.1.1　任务分析

绘制综合布线平面布局及施工图纸是综合布线工程设计的一个重要内容，对于工程设计人员而言，如何能够既快又好地完成这一任务就非常关键了。要完成某校园网综合布线工程任务，除要绘制整体楼宇施工图纸外，还要绘制楼内具体部位的施工图纸。施工图纸的绘制有多种方法，通过对目前市场中的各种绘图软件的比较、筛选，我们发现 Microsoft Visio 软件是绘制施工图纸较理想的软件。该软件易学、易懂、易用，使用十分方便，是一款对综合布线工程设计人员非常合适的好工具。

1. 任务目的

（1）了解 Visio 2019 软件的特性，掌握 Visio 2019 基本操作。

（2）学会使用 Visio 2019 绘制平面布局图。

（3）掌握 Visio 2019 绘制平面布局图的技巧。

2. 任务要求

（1）熟悉 Visio 2019 软件的特性及基本操作。

（2）学会使用 Visio 2019 绘制平面布局图的墙体。

（3）学会使用 Visio 2019 绘制平面布局图的门窗。

（4）掌握 Visio 2019 平面布局图标注。

3. 设备

（1）常规配置计算机。

（2）安装 Microsoft Visio 2019 软件。

9.1.2　相关知识

1．Microsoft Visio 集成环境

Microsoft Visio 拥有简单易用的集成环境、丰富多样的图标类型，同时在操作使用上沿袭了微软软件的一贯风格，即简单易用、用户友好性强的特点，是完成综合布线设计图纸绘制的绝佳工具。

2．Microsoft Visio 的操作方法

Visio 提供一种直观的方式来进行图表绘制，不论是制作一幅简单的流程图，还是制作一幅非常详细的技术图纸，都可以通过程序预定义的图形轻易地组合出图表。在"任务窗格"视图中，用鼠标单击某个类型的模板，Visio 即会自动产生一个新的绘图文档，文档的左边"形状"栏显示出极可能用到的各种图表元素——SmartShapes 符号。

在绘制图表时，只需要用鼠标选择相应的模板，单击不同的类别，选择需要的形状，拖动 SmartShapes 符号到绘图文档上，加上一定的连接线，进行空间组合与图形排列对齐，再加上吸引入的边框、背景和颜色方案，步骤简单、迅速、快捷、方便。也可以对图形进行修改或者创建自己的图形，以适应不同的业务和需求，这也是 SmartShapes 技术带来的便利，体现了 Visio 的灵活性。

Microsoft Visio 还可绘制流程图、组织结构图、方块图、网络图、网站图、工程图、建筑设计图及项目管理图等图表。

微软公司 Office 套装 Visio 软件，其界面绝大部分操作都和 Word 类似。Visio 自带了简单的家具库，可以对家具摆放的位置进行排列组合。CAD 的图纸也可以直接导入 Visio，用来重新编辑。需要说明的是，Visio 虽然是 Office 自带的软件，但是简版的 Office 大都是没有集成安装包的，需要单独下载安装。

9.1.3　任务实施

1．新建平面图文件。

打开软件进入界面，选择地图和平面布置图，如图 9-1 所示。
找到平面布置图，单击右侧"创建"按钮，如图 9-2 所示。

图9-1　地图和平面布置图

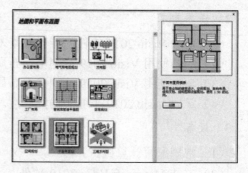

图9-2　平面布置图

2．绘制平面图

Visio 带的库比较简单，不过绘制平面图需要用到的墙体、门窗，甚至简单的家具，库里一应俱全，如图 9-3 所示。

从"视图"菜单打开"大小和位置"窗口，然后用鼠标左键选中需要添加的元件，直接拖拽到绘图窗口里，就可以通过"大小和位置"窗口里面的各项参数设置元件的起止位置、角度和大小了。例如墙体，可以设置墙体的厚度，也可以随意旋转角度，如图 9-4 所示。

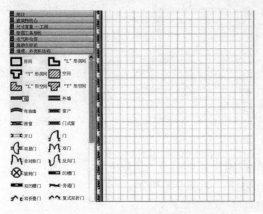
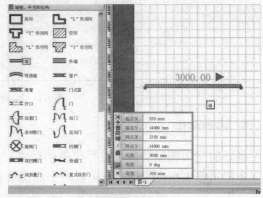

图9-3　Visio画布及库中的素材　　　　　　图9-4　绘制墙体

Visio 可以将相邻的墙体自动连接起来，按住鼠标左键拖动其中一个墙体，当它与另一个墙体出现重合时，重合点会出现如图 9-5 所示的小方框，松开鼠标左键，两个墙体就连接起来了。

在墙体上添加门窗也是一样，将相应的门窗元件直接用鼠标拖曳到墙体上，门窗的大小同样可以通过"大小和位置"窗口进行设置，如图 9-6 所示。

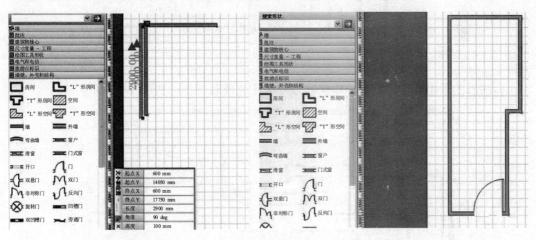

图9-5　墙体连接　　　　　　　　　　图9-6　添加门窗

门窗等物体有个中心点，中心点的位置也可以在"大小和位置"窗口里进行设置。用鼠标选中这个中心点，可以自由旋转门窗的方向，通过鼠标右键菜单，可以调整元件左右、上下翻转。

这样房间依次绘制，房子的基本平面布局就完成了。按以上方式把所有的房间都画出来，完整的房子平面图就出来了，如图 9-7 所示。

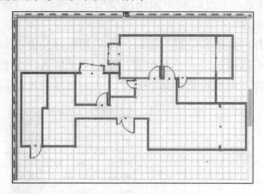

图9-7　基本平面布局

3. 添加标注

画好的平面图当然需要进行简单的标注。单击菜单栏的"A"字框，在鼠标所在位置的文本框里输入相应的文字就可以对平面图进行标注，如图 9-8 所示。

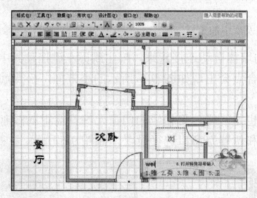

图9-8　文字标注

标注后的平面图一目了然，即使非专业人士也能看得懂，如图 9-9 所示。

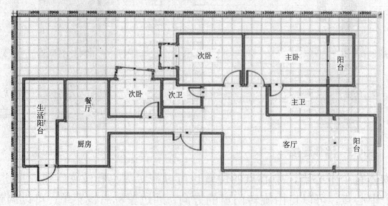

图9-9　文字标注后的平面图

绘制平面图之前，通常已经测量过室内的具体尺寸，因此借助 Visio 的功能，把室内具体尺寸也直接标注出来。在需要标注的墙体上单击鼠标右键，选择"添加一条尺寸线"，如图 9-10 所示，相应线段的长度就被标注在旁边了。

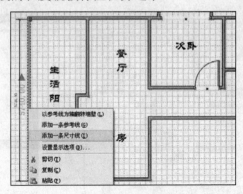

图9-10　添加尺寸线

📖注意：通常我们测量房间时，常常容易漏算墙体的厚度，这样一来，按照测量的套内尺寸绘制平面图时，长度相加往往会有一些偏差。也就是说，一部分的墙体最后绘制出来的尺寸和实际测量的不能完全一致。而用"添加一条尺寸线"的方法，标注的是线段的长度，线段长度和实际尺寸有偏差时，就不能这样标注了。双击需要标注的墙体，旁边会出现文本框，直接输入实际测量的长度即可，如图 9-11 所示。

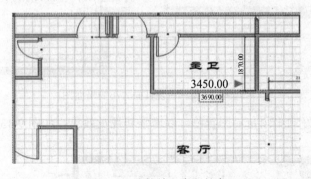

图 9-11　直接输入实际长度

4. 其他

Visio 的图可以直接打印，也可以通过"另存为"JPG 或者 BMP 格式的文件，还可以直接存为 DWG 格式的文件，用 CAD 可以直接打开。

平面图上一般需要将承重墙与非承重墙区分标明，在 Visio 里，双击需要标明的墙体对应的线段，通过调色桶工具就可以自由变换颜色了，操作与 Word 完全一致，我们在这里不再说明。

Visio 默认的比例尺绘制出来的平面图往往不是满幅的，修改已绘制部分的大小，可以通过大家熟悉的方式，按 Ctrl+A 快捷键将所有元件全部选中之后，改变所选部分的大小来实现，但这个方法在 Visio 里并不推荐。因为户型图的很多元件不是规则图形，直接用拖拽的方式改变其大小，往往会导致各元件的相对位置发生变化，之后再做整理就有点事倍功半了。

"文件"菜单里有一个"绘图缩放比例",通过调整这个比例,使得绘制的平面图适合页面大小,如图9-12所示。同样,绘制好的图可以通过"视图"菜单添加页眉和页脚。

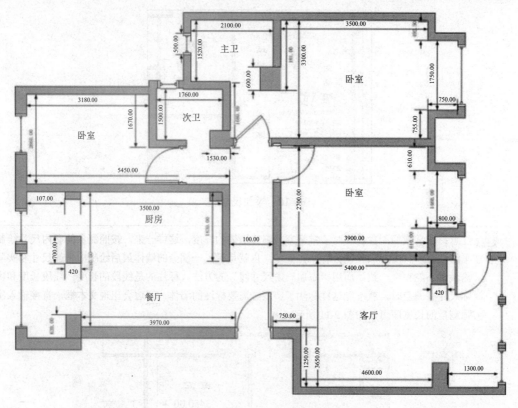

图9-12 适合页面大小的平面图

可以为绘制好的平面布局图着色,以增强其视觉效果,如图9-13和图9-14所示。

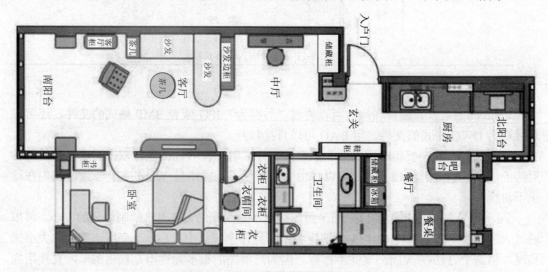

图9-13 平面布局图着色效果(一)

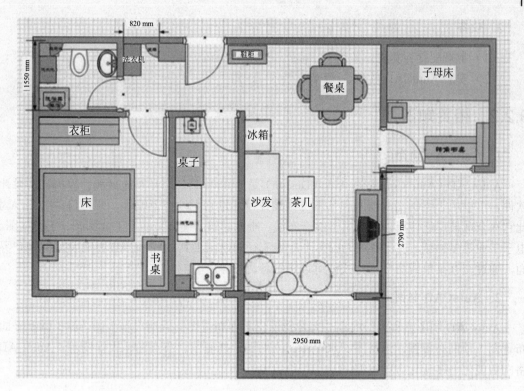

图9-14　平面布局图着色效果（二）

子任务 9.2　CAD 施工图绘制

9.2.1　任务分析

需要完成楼宇施工图纸的绘制，同时要绘制楼宇内具体部位的施工图纸绘制等。用 AutoCAD 绘制网络综合布线平面布局图和施工图。

1. 任务目的

（1）了解 AutoCAD 软件的特性，掌握 AutoCAD 的基本操作。
（2）学会使用 AutoCAD 绘制平面布局图和施工图。
（3）掌握 AutoCAD 绘制平面布局图、施工图的技巧。

2. 任务要求

（1）熟悉 AutoCAD 软件的特性及基本操作。
（2）学会使用 AutoCAD 绘制平面布局图的墙体。
（3）学会使用 AutoCAD 绘制平面布局图的门窗。
（4）掌握 AutoCAD 平面布局图标注。
（5）掌握 AutoCAD 施工图绘制。

3．设备

（1）常规配置计算机。

（2）安装 AutoCAD 软件。

9.2.2　相关知识

1．AutoCAD 简介

AutoCAD（Auto Computer Aided Design）是 Autodesk 公司开发的自动计算机辅助设计软件，可以用于绘制二维制图和基本三维设计，通过它无须懂得编程，即可自动制图，因此它在全球被广泛使用，可以用于综合布线、土木建筑、装饰装潢、工业制图、工程制图、电子工业等多领域，现已经成为国际上广为流行的绘图工具。AutoCAD 具有良好的用户界面，通过交互菜单或命令行方式便可以进行各种操作。

2．AutoCAD 制图流程

AutoCAD 制图流程为：前期与客户沟通出平面布置图，后期出施工图，施工图有平面布置图、顶面布置图、地材图、水电图、立面图、剖面图、节点图、大样图等。AutoCAD 将向智能化、多元化方向发展。

3．AutoCAD 应用领域

（1）工程制图：建筑工程、装饰设计、环境艺术设计、水电工程、土木施工等。

（2）工业制图：精密零件、模具、设备等。

（3）服装加工：服装制版。

（4）电子工业：印刷电路板设计。

广泛应用于土木建筑、装饰装潢、城市规划、园林设计、电子电路、机械设计、服装鞋帽、航空航天、轻工化工等诸多领域。

4．基本功能

1）平面绘图

AutoCAD 能以多种方式创建直线、圆、椭圆、多边形、样条曲线等基本图形对象。它提供了正交、对象捕捉、极轴追踪、捕捉追踪等绘图辅助工具。正交功能使用户可以很方便地绘制水平、竖直直线，对象捕捉可以帮助拾取几何对象上的特殊点，而追踪功能使画斜线及沿不同方向定位点变得更加容易。

2）编辑图形

AutoCAD 具有强大的编辑功能，可以移动、复制、旋转、阵列、拉伸、延长、修剪、缩放对象等。

（1）标注尺寸。可以创建多种类型尺寸，标注外观可以自行设定。

（2）书写文字。能轻易在图形的任何位置、沿任何方向书写文字，可设定文字字体、倾斜角度及宽度缩放比例等属性。

（3）管理图层。图形对象都位于某一图层上，可设定图层颜色、线型、线宽等特性。

3）三维绘图

可创建 3D 实体及表面模型，能对实体本身进行编辑。

（1）网络功能。可将图形在网络上发布，或是通过网络访问 AutoCAD 资源。

（2）数据交换。AutoCAD 提供了多种图形图像数据交换格式及相应命令。

（3）二次开发。AutoCAD 允许用户定制菜单和工具栏，并能利用内嵌语言 AutoLISP、VisualLISP、VBA、ADS、ARX 等进行二次开发。

9.2.3　任务实施

AutoCAD 绘制图纸的优势：比较手工绘图，计算机绘图能够大幅度地提高作图速度和精确性，降低绘图劳动强度。特别是在有多层平面的情况下，可以绘制其中一层，然后复制修改迅速得到其他层。使用 AutoCAD 得到的图样准确，也方便建模绘制 3D 图形。现将 AutoCAD 用于综合布线平面布局图和施工图的绘制。

1. AutoCAD 绘制平面布局图和施工图

1）打开图形样板

打开图形样板，如图 9-15 所示。在没有特别需要的样板文件的情况下，直接不输入文件名，选择无样板打开，如图 9-16 所示。公制是新打开的文件将以 mm 为单位，英制则是以英寸为单位。

图9-15　打开图形样板　　　　　图9-16　无样板打开

2）设置轴线层

使用 LAYER 命令打开图层控制器。设置轴线层 DOTE，并将其设为当前层，如图 9-17 所示。由于很多 AutoCAD 线型加载里没有 DOTE 选项，可以选择 CENTER 类线型替代。注意当前图层为 DOTE。

3）绘制轴线

（1）先绘制一条比较长的红色轴线，一般先画水平线。

（2）反复使用 OFFSET 指令，绘制同方向的轴线。

（3）同样方法做出竖直方向的轴线，如图 9-18 所示。

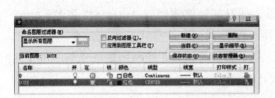

图9-17　设置轴线层　　　　　　　　　　　图9-18　绘制轴线

4）设置墙线层

设置墙线层 WALL，并将其设为当前层，如图 9-19 所示。颜色设置为 255，不是白色，这是为了打印时与其他图层区分以方便设置粗线。注意当前图层为 WALL 图层。

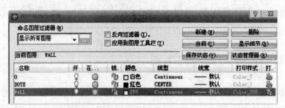

图9-19　设置墙线层

5）绘制墙线

（1）方法一：使用多线绘制 MLINE 指令直接绘制双线。

使用多线绘制 MLINE 指令直接绘制双线墙线一次成型，墙线作图速度快，如图 9-20 所示。但此方法的缺点是墙的厚度设置和开洞编辑比较麻烦。

多线绘制指令如图 9-21 所示。

指令：mline(ml)

菜单：绘图→多线

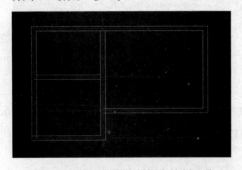

图9-20　使用多线绘制指令绘制双线　　　　图9-21　多线绘制指令

S：确定线型的缩放比例，主要是对偏移量起作用。

ST：加载已定义的多线线型为当前线型。

J：设置基准方式，选择后会出现新提示：输入对正类型[上(T)/无(Z)/下(B)]<当前>：。

T：从左到右绘制时基线（0 偏移线）在上。

Z：基线在中间。

B：基线在下。

说明：

凡是使用 ml 指令绘制的多条线，全部为同一实体，必须用多线编辑命令方可修改，普通编辑指令无效。经过艰苦的多线编辑指令后得到图 9-22。

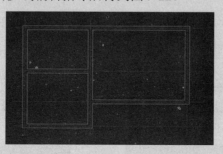

图 9-22　多线编辑指令后

下一步将要开门窗洞口，再次反复地给洞口定位和多线编辑显示过于烦琐。使用 EXPLODE 指令炸开多线，就成为普通的线条，完全可以使用普通的编辑指令来进行延伸、剪断、圆角等，如图 9-23 所示。

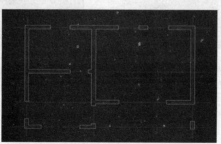

图9-23　使用EXPLODE指令炸开多线

（2）方法二：使用 OFFSET 指令偏移轴线进行墙线绘制。

使用 OFFSET 指令偏移轴线获得墙线，如图 9-24 所示。其优点是便于控制墙体厚度，墙线开洞编辑简单。但缺点是获得的墙线在 DOTE 层上，需要进行图层更改，图面混乱，工作量大且容易出错，如图 9-25 所示。

图9-24　OFFSET指令结束后　　　　　图9-25　更改墙线图层

6）绘制墙线及开洞

绘制墙线及开洞如图 9-26 所示。

7）门窗绘制

（1）常规画法，适合用于门窗有特殊形式的情况。

① 建立新图层 WINDOW，设置为当前层。

② 制作门窗块。

③ 插入合适的位置。

（2）简易画法，用于门开启 45°，窗为简单的 3 线或者 4 线时。

① 建立新图层 WINDOW，设置为当前层。

② 门洞处画中粗线，旋转 45°。

③ 使用 Copy 指令将门线复制到所有同样大的洞口，分别根据该处开启方向进行旋转。

④ 设置好多线样式后直接在窗户洞口画多线和窗，如图 9-27 所示。

插入门窗时一定要注意开启对象捕捉。

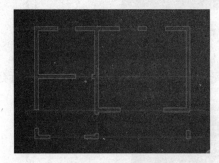

图9-26　绘制墙线及开洞

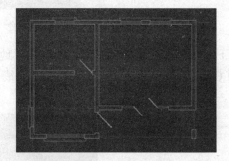

图9-27　绘制门窗

8）绘制其他图线

根据个人习惯设置各种图层以绘制其他的图线，如图 9-28 所示。

9）标注尺寸

（1）设置 PUB_DIM 图层，并设置为当前层。

（2）标注尺寸，注意拉齐尺寸线。

（3）看不清楚的尺寸数字，可以利用控制点将其拖到合适的位置。

（4）注写标高，如图 9-29 所示。

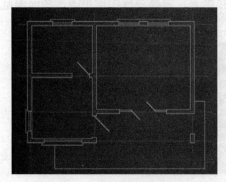

图9-28　绘制其他图线

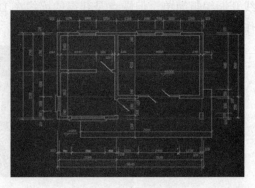

图9-29　标注尺寸

10）标注轴线

（1）设置绿色或黄色 AXIS 图层，并设置为当前层。

（2）绘制轴线圈并填写数字，如图 9-30 所示。

11）标注文字

（1）设置 PUB_TEXT 图层，并设置为当前层。

（2）注写文字，注意要包括门窗编号及图名，如图 9-31 所示。

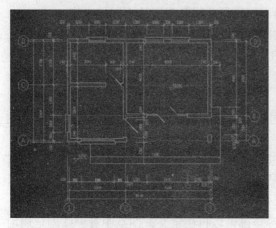

图9-30　标注轴线

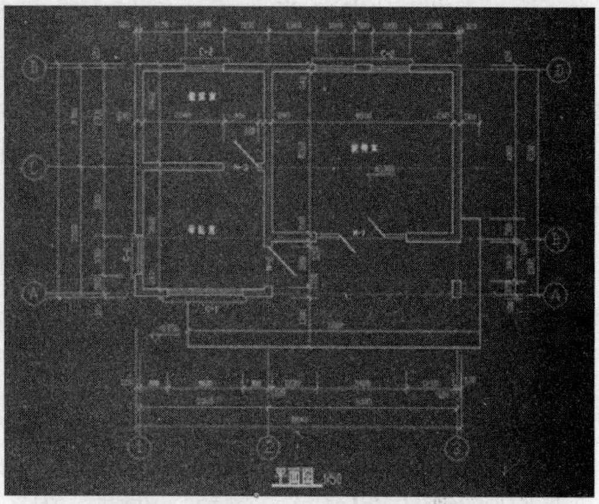

图9-31　标注文字

12）检查调整

检查图中有无遗漏部分或特殊图例，需要补充指北针和剖切符号，如图 9-32 所示。如有需要，插入图框。

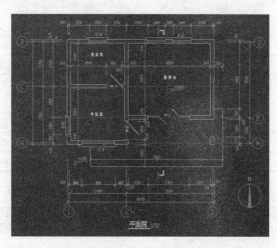

图9-32　检查调整

2. 工程绘图经验

1）比例问题

CAD 绘图中往往直接采用 1∶1 的比例来绘制图样，图纸比例由出图时决定。这样，根据出图比例套用不同大小的图框。同一个图形可以用在不同比例的多个图纸中。

2）线型确定

（1）关于线条的宽度。建筑图纸中用不同宽度的线条来表达不同的内容。

解决方法一：CAD 绘图中全部直接采用细线绘制，利用不同的图层设置为不同的颜色，打印出图时将不同的颜色设置为不同的宽度打印即可。

解决方法二：使用 PLINE 指令直接定义各条线条的宽度，画出固定宽度的线，类似于手工绘图。缺点是当改变出图比例时将会影响出图线条的宽度，故并不常用。

（2）关于线条的类。建筑图纸中也采用不同类型的线条来表达不同的内容。

解决方法一：利用不同的图层设置为不同的类型，例如 CENTER 层设置线型为"DOTE"，绘制线条时以层为准，线型设为"BYLAYER"，即随层。

解决方法二：直接定义各条线条的类型，类似于手工绘图。缺点是难以成批修改，故极不常用。

（3）关于线条的显示。由于比例的不同，线型无法辨认，所有的线型看起来都是细实线。

解决方法：这是由于线条的内置比例与出图比例不协调造成的，使用 LTSCALE 指令，改变线型的比例值，调整到显示正常即可。

3）分层问题

原则上图层的名字、颜色、线型、内容等全部可以自由定义，图纸中有一些固定通用的图层，为使图纸方便其他人员阅读、修改以及与其他软件兼容使用，绘制时应对这类图层定义予以尊重，如表 9-1 所示。

表 9-1　图纸中常用图层

名　　字	内　　容	线　　型	颜　　色
DOTE	轴线	DOTE	颜色 1（正红）
WALL	墙线	CONTINUOUS	颜色 255（类似白色）
COLUMN	柱子	CONTINUOUS	颜色 255（类似白色）
WINDOW	门窗	CONTINUOUS	颜色 4（天青）
STAIR	楼梯	CONTINUOUS	颜色 2（正黄）
ROOF	屋顶	CONTINUOUS	颜色 4（天青）
PUB_TEXT	文字	CONTINUOUS	颜色 7（正白）
PUB_DIM	尺寸	CONTINUOUS	颜色 3（正绿）

4）作图顺序

建筑图纸的作图顺序与手工绘图相仿，使用 CAD 绘制建筑图样的顺序为：平面图、立面图、剖面图、大样图。

CAD 绘制建筑平面图时，平面图样绘制顺序为：轴网、墙柱、开洞口、插入门窗、其他图线、标注尺寸、标注文字。

任务 10

综合布线技术资料管理

综合布线技术资料管理亦是网络综合布线工程中规划、设计、过程资料、存档、后期维护的重要依据。文档资料是否齐全反映出工程的实施细节及管理过程的规范性。因此综合布线技术中的文档资料是综合布线工程中不可或缺的重要资料。综合布线技术资料管理介绍综合布线测试与验收、概预算、招投标、工程管理等。

子任务 10.1 测试

一个优质的综合布线工程，不仅要求设计合理，选择布线器材优质，还要有一支素质高、经过专门培训、实践经验丰富的施工队伍来完成工程施工任务。

10.1.1 任务分析

1. 任务目的

（1）了解综合布线系统工程的测试类型。

（2）掌握综合布线系统工程的测试方法。

（3）掌握综合布线常见故障的维修方法。

2. 任务要求

（1）完成永久链路测试。

（2）完成信道测试。

（3）完成综合布线系统工程的测试。

3. 设备

（1）常规配置的计算机。

（2）安装文字处理软件 Word 及表格处理软件 Excel。

10.1.2 相关知识

1. 综合布线行业存在的问题

（1）在实际工作中，用户往往更多地注意工程规模、设计方案，而经常忽略了施工质量。

（2）我国普遍存在着工程领域的转包现象，施工阶段漏洞甚多。

（3）人的意识：不重视工程测试验收这一重要环节，把组织工程测试验收当作可有可无事情的现象十分普遍，只要能用测试仪测出 8 根芯都亮即可，只要能 PING（网络诊断工具）通就行。

现场测试工作是综合布线系统工程进行过程中和竣工验收阶段中始终要抓的一项重要工作，因此用户或建设单位，设计、监理、施工等部门都应给以足够的重视。把握好施工器材的抽样测试关、施工进行过程中的随工验证测试关、工程阶段竣工的工程质量认证测试关这三个技术质量关口至关重要。

目前一些施工单位在工程结束后，向用户提供一份系统可以使用××年的保证书，它实际上是厂家对其提供的器材质量上的一个承诺，不能用来作为工程验收的质量依据。

2. 认证测试

综合布线系统的认证测试是所有测试工作中最重要的环节，也称为竣工测试。综合布线系统的性能不仅取决于综合布线方案设计、施工工艺，同时取决于在工程中所选的器材的质量。认证测试是检验工程设计水平和工程质量总体水平行之有效的手段，所以对于综合布线系统必须要求进行认证测试。

认证测试通常分为以下两种类型。

1）自我认证测试

由施工方自己组织进行，按照设计施工方案对工程每一条链路进行测试，确保每一条链路都符合标准要求。施工单位承担认证测试工作的人员，应是经过正规培训的、责任心强、既熟悉计算机技术又熟悉布线技术的人员。

2）验收测试

考虑综合布线的重要性，越来越多的用户，既要求布线施工方提供布线系统的自我认证测试，同时也委托第三方对系统进行验收测试，以确保布线施工的质量。这也是对综合布线系统验收质量管理的规范化做法。第三方选择通常优先考虑经过国家计量认证，并且由主管部门授权的专业测试中心或测试实验室，保证其权威性和法律效力。

3. 综合布线系统测试标准

布线系统的测试标准随着网络技术的发展而不断地变化。国际上先后使用过的标准有TSB-67 现场测试标准、TSB-95 现场测试标准、TIA/EIA-568-A-5-2000 超五类线的千兆网测试标准等。TIA/EIA-568-B 标准集合了 TIA/EIA-568-A、TSB-72、TSB-75、TSB-95 等标准的内容，成为新的布线和测试标准。该标准放弃了原测试标准中的基本链路方式，而采用永久链路连接方式。

4．测试注意事项

（1）测试精度。

（2）测试判断临界区（以特殊标记*号表达测试数据处于该范围之内，处于临界区内，有两种可能，如正、负临界值）。

（3）测试仪表的计量和校准。

5．测试报告的编制

测试报告是测试工作的总结，并作为工程质量的档案。在编制测试报告时应该精心、细致，保证其完整和准确。测试报告应包括正文、数据副本（同时形成电子文件）和发现问题副本等三个部分。

10.1.3　任务实施

综合布线系统工程的测试包括永久链路测试和信道测试两种测试。

1．永久链路测试

永久链路测试（Permanent Link Test）一般是指从配线架上的跳线插座算起，到工作区墙面板插座位置，对这段链路进行的物理性能测试，如图 10-1 所示。

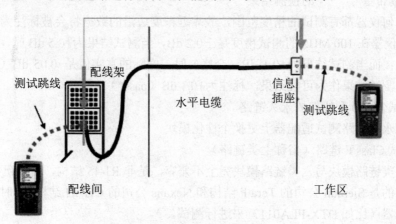

图10-1　永久链路测试图

一般来说，等级越高，需要测试的参数种类就越多。但也不总是这样，如 Cat6A，此电缆链路需要测试外部串扰 ANEXT 等参数，而 Class F（7 类）链路就不需要测试外部串扰参数。以下所列是数据电缆需要测试的主要参数，不同类型的电缆参数数量有所取舍。

1）测试参数

❖　Wire Map：接线图（开路/短路/错对/串绕）

❖　Length：长度

❖　Propagation Delay：传输时延

❖ Delay Skew：时延偏离
❖ Insertion Lose：插入损耗/Attenuation 衰减
❖ NEXT：近端串扰
❖ PS NEXT：综合近端串扰
❖ Return Loss：回波损耗
❖ ACR/ACR-N：衰减串扰比
❖ EL FEXT/ACR-F：等效远端串扰
❖ PS ELFEXT/PSACR-F：综合等效远端串扰
❖ ANEXT/PSANEXT：外部近端串扰

2）测试标准选择

最常用的标准是"通用型测试标准"，少部分用户还要求使用"应用型测试标准"或者"供应商自定义型标准"进行测试。通用标准是直接与电缆物理性质相关的标准，一般都高于应用标准。其中 TIA 568B、ISO 11801 和《综合布线系统工程验收规范》（GB 50312—2016）是使用最多的测试标准，基本涵盖了被检测链路总数的 99%以上。

3）读取仪器存储的数据

用基于 PC 的通信和数据管理软件"Link Ware"从仪器中读取出测试后存储的数据，并用此软件来管理测试数据，也可以用此软件将数据输出为多种报告格式供用户使用：文本格式、CSV 格式、PDF 格式等。软件可以从网站上免费下载安装使用（语言可选）。

4）判读带星号"＊"的检测结果

由于任何仪器都有测试的精度范围，故靠近精度边沿的数据将会被标注为带星号的数据。例如，仪器在 100 MHz 的测试精度是±0.2 dB，当测试结果为+0.5 dB 时，测试结果肯定是合格的；而当测试结果为+0.1 dB（合格）时，实际的真实值是−0.05 dB（不合格），此时就会将测试结果作为可疑结果，标注为+0.1 dB（pass＊）。

5）测试含 110 配线架的永久链路

可以在永久链路测试适配器上更换个性化模块。

6）测试 Class F 链路（俗称七类链路）

由于七类链路模块与六类链路模块完全不兼容，是非 RJ-45 结构，目前已被 TIA 标准委员会批准的是 Siemon 公司的 Tera F 结构和 Nexans 公司的 GG-RJ 结构，此时需要使用七类测试适配器（比如 DTX-PLA011）来进行测试。

7）测试 Cat6A 或者 Class EA 链路

如果被测链路使用屏蔽电缆（FTP），则可以直接使用支持 Cat6A 或者 Class EA 的永久链路适配器即可进行测试。如果是非屏蔽电缆（UTP）链路，则还需要增加测试电缆之间的干扰。电缆束中心的 1 根电缆会最大强度地被周围的 6 根电缆工作时间辐射出来的电磁波干扰（外部串扰），这些干扰会破坏中心电缆中传递的信号，导致误码率上升。

2. 信道测试

信道测试（Channel Test）又译作通道测试，一般是指从交换机端口上设备跳线的 RJ-45

水晶头算起，到服务器网卡前用户跳线的 RJ-45 水晶头结束，对这段链路进行的物理性能测试如图 10-2 所示。

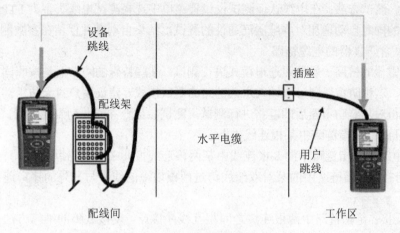

图10-2　信道测试模型

3. 综合布线系统工程的测试

综合布线系统工程的测试主要针对各个子系统，如水平布线子系统、垂直布线子系统等中的物理链路进行质量检测。测试的对象有电缆和光缆。系统设备开通时部分用户会选择进行"信道测试"或者"跳线测试"。以上讨论或涉及的这些测试对象均可以在测试仪器中选定对应标准进行。

1）测试电缆跳线

永久链路作为质量验收的必测内容被广泛使用，信道的测试多数在开通应用的链路中会被使用。为了保证信道质量总能合乎要求，用户只需要重点把握好跳线的质量就可以了。因为只要跳线质量合格，那么合格的永久链路加上合格的跳线就几乎能保证由此构成的信道百分之百合格。

2）测试整卷线

整卷线购入后有时需要做进货验收，此时可以使用整卷线测试适配器进行测试。方法很简单，更换测试适配器（如 LABA/MN），将整卷线的 4 个线对剥去外皮（1cm），插入适配器测试连接孔中，选择整卷线测试标准（如 cat6 spool），按下测试键并保存结果即可。

3）测试光纤

光纤的现场工程测试分一级测试（tier 1）和二级测试（tier 2）。一级测试是用光源和光功率计测试光纤的衰减值，并依据标准判断是否合格，附带测试光纤的长度；二级测试是"通用型"测试和"应用型"测试，主要就是测试光纤的衰减值和长度是否符合标准规定的要求，一次判断安装的光纤链路是否合格。在仪器中先选择上述某个测试标准，然后安装光纤测试模块后即可进行测试。测试结果存入仪器中或稍后用软件导入计算机中进行保存和处理。仪器会根据选择的标准自动进行判定是否合格。

4）测试综合布线的接地

综合布线系统的接地主要是机架接地和屏蔽电缆接地，机架接地和一般的弱电设备接地方式与接地电阻要求是相同的，一般使用接地电阻测试仪进行测试。屏蔽电缆的接地端一般与机架或者机架接地端相连，对于屏蔽层的直流连通性测试，则标准中没有数值要求，只要求连通即可。测试方法：在电缆认证测试仪设置菜单中选择测试电缆类型为FTP，即可在测试电缆参数的同时自动增加对屏蔽层连通性的测试，结果自动合并保留在参数测试报告中。

5）测试含防雷器的电缆链路

接入防雷器的链路一般按照通道模式进行测试。某些特殊的防雷器是按照固定安装模式接入链路的，这种防雷器则可以纳入永久链路的测试模式。建议用户对无防雷器的链路进行测试，然后再对加装防雷器后的链路进行测试，测试参数合并或并列到验收测试报告中。

（1）开路：是指链路中某根连线中断。

（2）短路：是指链路中的8根连线中某两根连线彼此之间短路联通。

（3）跨接：是指链路中的某对双绞线跨过两根以上的线序与另外的接口连接所导致的接线错误。

（4）反接：是指链路中两根连线之间相互线序接反。反接故障的维修方法是找出链路故障点，在出现故障的位置重新按照正确线序打线。

（5）阻抗：是指链路中某根连线因为电缆性能的改变等各种原因导致阻值异常增大，引发链路传输能量的反射，影响链路的正常传输。

（6）串扰：在一条双绞线中，当信号在一对线缆上传输时，同时会在相邻的线对中产生感应信号，即一对线发送信号时，另一相邻的线对中将收到信号，这种现象为串扰。

（7）回波：即回波损耗，又称为反射损耗，是电缆链路由于阻抗不匹配所产生的反射，是一对线自身的反射。

子任务 10.2　验收

综合布线系统施工、测试和试运行一段时间后要进行工程验收。

10.2.1　任务分析

1. 任务目的

（1）了解综合布线系统工程的验收类型。

（2）掌握综合布线系统工程的验收方法。

（3）掌握综合布线常见故障的验收范围。

（4）了解综合布线系统工程的验收组织。

（5）掌握综合布线系统工程现场验收。

（6）掌握综合布线系统工程文档验收。

2. 任务要求

（1）完成综合布线系统工程现场验收，包括工作区、干线、配线、管理间、设备间、光纤等验收。

（2）完成综合布线系统工程文档验收。

3. 设备

（1）常规配置的计算机。

（2）安装文字处理软件 Word 和表格处理软件 Excel。

（3）测试及验收工具。

10.2.2 相关知识

下面介绍综合布线工程验收的相关知识。

1. 验收方式

一般综合布线系统工程采取以下三级验收方式。

（1）自检自验：由施工单位自检、自验，发现问题及时改进与完善。

（2）现场验收：由施工单位和建设单位联合验收，并作为工程结算的依据。

（3）鉴定验收：上述两项验收后，乙方提出正式报告作为正式竣工报告，由甲、乙双方共同呈报上级主管部门或委托专业验收机构进行工程鉴定。

2. 验收的范围

对综合布线而言，验收的主要内容为环境检查、器材检查、设备安装检验、线缆敷设和保护方式检验、线缆终接和工程电气测试等，验收标准为《综合布线系统工程验收规范》（GB 50312—2016）及其他相关国际上的最新标准。

3. 验收的组织

竣工验收的组织要根据建设项目的重要性、规模大小和隶属关系决定，并成立验收组织。

（1）成立验收领导小组。

（2）成立验收小组。

（3）应有建设单位、设计单位、施工单位（包括财务、审计等部门参与）。

（4）在组织竣工验收前，建设单位应事先做好验收的各项准备工作。

4. 布线工程现场验收

1）工作区验收

甲方抽样挑选工作区进行验收：信息插座是否按规范安装，安装是否做到一样高、平、牢固，面板是否牢固可靠等。

2）配线子系统验收

线槽安装是否符合规范，线槽与线槽、线槽与槽盖是否接合良好，托架、吊杆是否安装牢固，配线线缆与干线、工作区交接处是否出现裸线等。

3）干线子系统验收

除了类似配线子系统的验收内容外，重点要检查建筑物楼层与楼层之间的洞口是否封闭，拐弯线缆是否符合最小弯曲半径要求等。

4）管理间、设备间子系统验收

检查设备安装是否规范整洁、各种管理标识是否清晰等。

5）系统测试验收

系统测试验收是对信息点进行有选择的测试，检验测试结果。测试综合布线系统时，要认真详细地记录测试结果，对发生的故障、参数等都要逐一记录下来。系统测试验收的主要内容为：电缆传输信道的性能测试（包括 10.1 测试章节讲的各种参数）、光纤传输信道的性能测试（包括衰减等）、提供测试报告等。

5. 文档验收

技术文档、资料是布线工程验收的重要组成部分。完整的技术文档包括电缆的标号、信息插座的标号、交接间配线电缆与干线电缆的跳接关系、配线架与交换机端口的对应关系等。必须有电子文档，便于以后维护管理使用。

布线竣工技术文件和相关文档资料应内容齐全、真实可靠、数据准确无误、语言通顺、层次条理、文件外观整洁、图表内容清晰，不应有互相矛盾、彼此脱节、错误和遗漏等现象。

10.2.3 任务实施

（1）工作区验收。

（2）干线子系统验收，包括水平子系统和垂直子系统的验收。

（3）配线子系统验收。

（4）管理间、设备间子系统验收。

（5）光纤部分验收。

（6）系统测试验收。

（7）文档验收。

子任务 10.3 概预算

10.3.1 任务分析

综合布线系统工程概预算是综合布线设计环节的一部分，它对综合布线项目工程的造价估算和投标估价及后期的工程决算都有很大的影响。学习掌握综合布线系统工程的概预算方法对综合布线系统工程具有重要意义。

综合布线系统工程概预算实训项目按 IT 行业的预算方式做工程预算。

1. 任务目的

（1）掌握项目材料的整理。

（2）掌握网络综合布线系统工程概预算方法。

2. 任务要求

（1）使用 Microsoft Word 或 Microsoft Excel 完成项目材料的整理。

（2）完成本校实训楼网络综合布线系统工程预算。

3. 设备

（1）常规配置计算机。

（2）概预算软件。

10.3.2　相关知识

1. 综合布线系统工程概预算概述

建设工程的概预算是对工程造价进行控制的主要依据，它包括设计概算和施工图预算。设计概算是设计文件的重要组成部分，应严格按照批准的可行性研究报告和其他有关文件进行编制。施工图预算则是施工图设计文件的重要组成部分，应在批准的初步设计概算范围内进行编制。

概预算必须由持有勘察设计证书资格的单位编制。同样，其编制人员也必须持有信息工程概预算资格证书。

综合布线系统的概预算编制办法，原则上参考通信建设工程概算、预算编制办法作为依据，并应根据工程的特点和其他要求，结合工程所在地区，按地区（计委）建委颁发有关工程概算、预算定额和费用定额编制工程概预算。

1）概算的作用

（1）概算是确定和控制固定资产投资、编制和安排投资计划、控制施工图预算的主要依据。

（2）概算是签订建设项目总承包合同、实行投资包干以及核定贷款额度的主要依据。

（3）概算是考核工程设计技术经济合理性和工程造价的主要依据之一。

（4）概算是筹备设备、材料和签订订货合同的主要依据。

（5）概算在工程招标承包制中是确定标底的主要依据。

2）预算的作用

（1）预算是考核工程成本、确定工程造价的主要依据。

（2）预算是签订工程承包、发包合同的依据。

（3）预算是工程价款结算的主要依据。

（4）预算是考核施工图设计技术经济合理性的主要依据之一。

3）概算的编制依据

（1）批准的可行性研究报告。

（2）初步建设或扩大初步设计图纸、设备材料表和有关技术文件。

（3）建筑与建筑群综合布线工程费用有关文件。

（4）通信建设工程概算定额及编制说明。

4）预算的编制依据

（1）批准初步设计或扩大初步设计概算及有关文件。

（2）施工图、通用图、标准图及说明。

（3）按照《综合布线系统工程设计规范》（GB 50311—2016）预算定额。

（4）通信工程预算定额及编制说明。

（5）通信建设工程费用定额及有关文件。

5）概算文件的内容

（1）工程概况、规模及概算总价值。

（2）编制依据：依据的设计、定额、价格及地方政府有关规定和信息产业部未作统一规定的费用计算依据说明。

（3）投资分析：主要分析各项投资的比例和费用构成，分析投资情况，说明建设的经济合理性及编制中存在的问题。

（4）其他需要说明的问题。

6）预算文件的内容

（1）工程概况、预算总价值。

（2）编制依据及对采用的收费标准和计算方法的说明。

（3）工程技术经济指标分析。

（4）其他需要说明的问题。

2. 综合布线工程的工程量计算原则

1）工程量计算的要求

工程量计算是确定安装工程直接费用的主要内容，是编制单位、单项工程造价的依据。工程量计算是否准确，将直接关系预算的准确性。运用概预算的编制方法，以设计图纸为依据，并对设计图纸的工程量按一定的规范标准进行汇总，就是工程量计算。工程量计算是编制施工图预算的一项复杂而又十分重要的步骤，其具体要求如下。

（1）工程量的计算应按规则进行，即工程量项目的划分、计量单位的取定、有关系数的调整换算等。

（2）工程量的计算，无论是初步设计，还是施工图设计，都要依据设计图纸计算。

（3）工程量的计算方法各不相同，而我们要求从事概预算的人员应在总结经验的基础上，找出计算工程量中影响预算及时性和准确性的主要矛盾，同时还要分析工程量计算中各个分项工程量之间的共性和个性关系，然后运用合理的方法加以解决。

2）计算工程量应注意的问题

（1）熟悉图纸。

（2）要正确划分项目和选用计量单位。

（3）计算中采用的尺寸要符合图纸中的尺寸要求。

（4）工程量应以安装就位的净值为准，用料数量不能作为工程量。

（5）对于小型建筑物和构筑物可另行单独规定计算规则或估列工程量和费用。

3）工程量计算的顺序

（1）顺时针计算法，即从施工图纸右上角开始，按顺时针方向逐步计算，但一般不采用。

（2）横竖计算法或称坐标法，即以图纸的轴线或坐标为工具分别从左到右，或从上到下逐步计算。

（3）编号计算方法，即按图纸上注明的编号分类进行计算，然后汇总同类工程量。

3. 综合布线工程概预算的步骤程序

1）概预算的编制程序

（1）收集资料，熟悉图纸。

（2）计算工程量。

（3）套用定额，选用价格。

（4）计算各项费用。根据费用定额的有关规定，计算各项费用并填入相应的表格中。

（5）复核。

（6）拟写编制说明。

（7）审核出版，填写封皮，装订成册。

2）引进设备安装工程概预算编制

（1）引进设备安装工程概预算的编制是指引进设备的费用、安装工程费用及相关的税金和费用的计算。

（2）引进设备安装工程应由国内设备单位作为总体设计单位，并编制工程总概预算。

（3）引进设备安装工程概预算编制的依据为：经国家或有关部门批准的订货合同、细目及价格，国外有关技术经济资料及相关文件，国家及原邮电行业通信工程概预算编制办法、定额和有关规定。

（4）引进设备安装工程概预算应用两种货币形式表现，外币表现可用美元。

（5）引进设备安装工程概预算除包括本办法和费用定额规定的费用外，还包括关税、增值税、工商统一费、进口调节税、海关监理费、外贸手续费、银行财务费和国家规定应计取的其他费用，其计取标准和办法按国家和相关部门有关规定办理。

3）概预算的审批

（1）设计概算的审批。

（2）施工图预算的审批。

4）综合布线工程概预算编制软件

综合布线工程概预算过去一直是手工编制。随着计算机的普及和应用，近年来相关技术单位开发出了综合布线工程概预算编制软件。综合布线工程概预算软件既有 Windows 单用户版，又有网络版，通用于综合布线行业的建设单位、设计单位、施工企业和监理企业进行综合布线工程专业的概预算、结算的编制和审核，同时具有审计功能。

4. 综合布线系统的预算设计方式

1）IT 行业的预算设计方式

IT 行业的预算设计方式取费的主要内容一般由材料费、施工费、设计费、测试费、税金等组成。如表 10-1 所示是一种典型的 IT 行业的综合布线系统工程预算表。

表 10-1　典型的 IT 行业的综合布线系统工程预算表

序　号	名　　称	单　价	数　量	金额/元
1	信息插座（含模块）	100 元/套	130 套	13 000
2	五类 UTP	1000 元/箱	12 箱	12 000
3	线槽	6.8 元/m	600 m	4080
4	48 口配线架	1350 元/个	2 个	2700
5	配线架管理环	120 元/个	2 个	240
6	钻机及标签等零星材料	—	—	1500
7	设备总价（不含测试费）			33 520
8	设计费（5%）			1676
9	测试费（5%）			1676
10	督导费（5%）			1676
11	施工费（15%）			5028
12	税金（3.41%）			1143
13	总计			44 719

2）建筑行业的预算设计方式

建筑行业流行的设计方案取费是按国家的建筑预算定额标准来核算的，一般由下述内容组成：材料费、人工费（直接费小计、其他直接费、临时设施费、现场经费）、直接费、企业管理费、利润税金、工程造价和设计费等。

10.3.3　任务实施

（1）收集资料，熟悉图纸。

（2）计算工程量。

分析项目使用材料种类，进行材料预算表设计。

根据网络综合布线工程示意图完成该工程项目材料预算表。要求按照表 10-2 格式，依据 IT 行业预算方法编制，材料名称、规格和单价等请参考表 10-3，表中没有列出的材料，该预算中不予考虑。要求材料名称和规格/型号正确、数量合理、单价和计算正确。

表 10-2　项目材料

序　号	材料名称	材料规格/型号	数　量	单　位	单　价	小　计	用途说明
	直接材料费合计						

表 10-3　网络综合布线工程常用器材名称/规格和参考价格表

序　号	材料名称	材料规格/型号	单　位	单价/元	用途说明
1	网络机柜	19 英寸 6U	台	600	楼层管理间
2	网络配线架	19 英寸 1U 24 口	台	300	网络配线
3	理线环	19 英寸 1U	个	100	理线
4	明装底盒	86 型	个	3	信息插座用
5	网络面板	双口	个	4	信息插座用
6	网络模块	超五类 RJ-45	个	15	信息插座用
7	网络双绞线	超五类，4-UTP	米	2	网络布线
8		屏蔽超五类	米	5	制作跳线
9		非屏蔽六类	米	10	制作跳线
10	PVC 线槽/配件	60×22 线槽	米	15	布线用
11		39×18 线槽	米	4	布线用
12		39×18 线槽堵头	个	1	布线用
13		20×10 线槽	米	2	布线用
14	PVC 线管/配件	$\varPhi$20 mm 线管	米	2	布线用
15		$\varPhi$20 mm 直接头	个	1	连接 PVC 线管
16		$\varPhi$20 mm 塑料管卡	个	2	固定 PVC 线管
17	RJ-45 水晶头	非屏蔽超五类	个	1	制作跳线
18		屏蔽超五类	个	5	制作跳线
19		非屏蔽六类	个	8	制作跳线
20	螺丝+螺母+垫片	M6×16	套	1	固定用
21	光纤配线架	19 寸 1U 组合式 8+8	个	800	BD、CD 配线设备
22	光纤耦合器	ST 口	个	20	安装在配线架上
23	光纤耦合器	SC 口	个	20	安装在配线架上
24	室内光缆	4 芯，多模	米	10	BD-CD 之间布线
25	室内光缆	4 芯，单模	米	15	BD-CD 之间布线
26	光缆跳线	单模 ST-ST	条	100	熔接光纤使用
27	光缆跳线	多模 SC-SC	条	100	熔接光纤使用
28	光纤保护套管	单芯	包	30	熔接光纤使用
29	L 形支架		个	5	固定 PVC 线管
30	线扎		包	20	理线使用

（3）套用定额，选用价格。

（4）计算各项费用。根据费用定额的有关规定，计算各项费用并填入相应的表格中。

（5）复核。

（6）拟写编制说明。

（7）审核出版，填写封皮，装订成册。

10.3.4 任务拓展

按建筑行业的预算方式做工程预算。

1. 任务目的

（1）按建筑行业的预算方式做工程预算。

（2）掌握预算方法。

2. 任务要求

（1）使用综合布线工程概预算编制软件。

（2）根据对综合布线工程的了解，查找相关的资料和预算定额，完成本校网络综合布线系统工程预算。

3. 设备及工具

（1）常规配置计算机。

（2）相关预算软件。

4. 任务实施

（1）分析项目使用材料种类。

（2）使用软件编制综合布线工程预算表。

（3）套用综合布线系统工程定额。

（4）完成工程预算。

子任务 10.4　招投标

10.4.1 任务分析

1. 任务目的

（1）了解工程招标的基本概念。

（2）了解工程投标的基本概念。

（3）掌握工程招标文件的编制方法。

（4）掌握工程投标文件的编制方法。

2. 任务要求

（1）完成工程招标文件的编制。

（2）完成工程投标文件的编制。

3. 设备

（1）常规配置计算机。

（2）Word 文字处理软件。

10.4.2　相关知识

工程项目的落实与实施首先要通过项目的招投标，下面着重介绍工程项目招投标的基础知识和程序，掌握工程项目招投标文件的编制方法。

1. 综合布线系统工程的招标

1）基本概念

综合布线系统工程招标通常是指需要投资建设综合布线系统的单位（一般称为招标人），通过招标公告或投标邀请书等形式邀请有具备承担招标项目能力的系统集成施工单位（一般称为投标人）投标，最后选择其中对招标人最有利的投标人进行工程总承包的一种经济行为。

综合布线系统工程招标也可以委托工程招标代理机构来进行。

2）招标人

招标人是指提出招标项目、进行招标的法人或者其他组织。

3）招标代理机构

招标代理机构是指依法设立、从事招标代理业务并提供相关服务的社会中介组织。

4）招标文件

招标文件一般由招标人或者招标代理机构根据招标项目的特点和需要进行编制。

（1）招标文件的内容。

① 招标项目的技术要求。招标项目的技术要求主要包括综合布线系统的等级、布线产品的档次和配置量等的要求。

② 招标项目的商务要求。招标项目的商务要求主要包括投标人资格审查标准、投标报价要求、评标标准以及拟签订合同的主要条款等。

③ 划分标段、确定工期。招标项目需要划分标段、确定工期，招标人应当合理划分标段、确定工期，并在招标文件中载明。

（2）招标文件的内容要求。招标文件不得要求或者标明特定的生产供应者以及含有倾向或者排斥潜在投标人的其他内容。

（3）招标文件的修改。招标人对已发出的招标文件进行必要的澄清或者修改的，应当在招标文件要求提交投标文件截止时间至少 15 日前，以书面形式通知所有招标文件收受人。

（4）合理安排时间。招标人应当确定投标人编制投标文件所需要的合理时间，依法必须进行招标的项目，自招标文件开始发出之日起至投标人提交投标文件截止之日止，最短不得少于 20 日。

5）工程项目招标的方式

综合布线系统工程项目招标的方式主要有以下 4 种。

（1）公开招标。公开招标也称无限竞争性招标，是指招标人或招标代理机构以招标公告的方式邀请不特定的法人或者其他组织投标。

（2）竞争性谈判。竞争性谈判是指招标人或招标代理机构以投标邀请书的方式邀请3家以上特定的法人或者其他组织直接进行合同谈判。

（3）询价采购。询价采购也称货比三家，是指招标人或招标代理机构以询价通知书的方式邀请3家以上特定的法人或者其他组织进行报价，通过对报价进行比较来确定中标人。

（4）单一来源采购。单一来源采购是指招标人或招标代理机构以单一来源采购邀请函的方式，邀请生产、销售垄断性产品的法人或其他组织直接进行价格谈判。

6）工程项目招标程序

图10-3所示为工程项目招标程序。

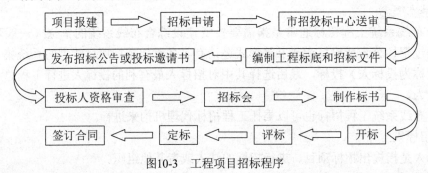

图10-3　工程项目招标程序

2．综合布线系统工程的投标

1）基本概念

综合布线系统工程投标通常是指系统集成施工单位（一般称为投标人）在获得了招标人工程建设项目的招标信息后，通过分析招标文件，迅速而有针对性地编写投标文件，参与竞标的一种经济行为。

2）投标人及其资格

投标人是响应招标、参加投标竞争的法人或者其他组织。

投标人应当具备承担招标项目的能力，并且具备招标文件规定的资格条件，投标人的资质证明文件应当使用原件或投标单位盖章的复印件。

两个以上法人或者其他组织可以组成一个联合体，以一个投标人的身份共同投标。

3）投标文件的主要依据及内容要点

招标文件是编制投标文件的主要依据，投标人必须对招标文件进行仔细研究，重点注意以下几个方面。

（1）招标技术要求。招标技术要求是投标人核准工程量、制订施工方案、估算工程总造价的重要依据，对其中建筑物设计图样、工程量、布线系统等级、布线产品档次等内容必须进行分析，做到心中有数。

（2）招标商务要求。招标商务要求主要研究投标人须知，合同条件，开标、评标和定标的原则和方式等内容。

（3）制订施工方案。通过对招标文件的研究和分析，投标人可以核准项目工程量，并且制订施工方案，完成投标文件编制的重要工作。

（4）编制投标文件。投标人应当按照招标文件的要求编制投标文件，并对招标文件提出的实质性要求和条件做出响应。

投标文件的编制主要包括以下几个方面。

① 投标文件的组成。施工方案、施工计划、开标一览表、投标分项报价表、资质证明文件、技术规格偏离表、商务条款偏离表、项目负责人与主要技术人员介绍、机械设备配置情况以及投标人认为有必要提供的其他文件。

② 投标文件的格式。投标人应该按照招标文件要求的格式和顺序编制投标文件，并且装订成册。

③ 投标文件的数量。投标人应该按照招标文件规定的数量准备投标文件的正本和副本，一般正本一份，其余为副本。

④ 投标文件的递交。投标人应当在招标文件要求提交投标文件的截止时间前，将投标文件送达投标地点。招标人收到投标文件后，应当签收保存，不得开启。

⑤ 投标文件的补充、修改和撤回。投标人在招标文件要求提交投标文件的截止时间前，可以补充、修改或者撤回已提交的投标文件，并书面通知招标人。

4）工程项目投标的报价

（1）工程项目投标的报价内容。

工程项目造价的估算：一般可以根据工程项目完成的信息点数来估算工程的总造价。例如，每个信息点的造价为 300 元，如果有 2000 个信息点，则可估算工程的总造价为 60 万元。

工程项目投标报价的内容包括主要设备、工具和材料的价格、项目安装调试费、设计费、培训费等，并且给出优惠价格和工程总价。

（2）工程项目投标的报价要求。

投标人不得相互串通投标报价，不得排挤其他投标人的公平竞争，损害招标人或者其他投标人的合法权益。

投标人不得与招标人串通投标，损害国家利益、社会公共利益或者其他人的合法权益，不得以向招标人或者评标委员会成员行贿的手段谋取中标。

投标人不得以低于成本的报价竞标，也不得以他人名义投标或者以其他方式弄虚作假，骗取中标。

10.4.3　任务实施

（1）工程招标文件的编制。
（2）工程投标文件的编制。

子任务 10.5　工程管理

综合布线系统工程管理分别从现场管理制度与要求、技术管理、施工现场人员管理、材料管理、安全管理、质量控制管理、成本控制管理、施工进度控制等方面介绍综合布线系统工程管理。

10.5.1 任务分析

1. 任务目的

（1）了解综合布线工程管理制度。

（2）掌握工程施工进度表的编制方法。

（3）掌握工程中各类报表的编制要求。

2. 任务要求

（1）要求完成现场管理制度与要求。

（2）要求完成技术管理、施工现场人员管理、材料管理、安全管理。

（3）要求完成质量控制管理、成本控制管理。

（4）要求完成施工进度控制。

（5）要求完成工程各类报表制作。

3. 设备

（1）常规配置计算机。

（2）Word 或其他文字处理软件。

10.5.2 相关知识

1. 现场管理制度与要求

1）现场工作环境管理

项目经理部应按照施工组织设计的要求管理作业现场工作环境，落实各项工作负责人；在施工过程中，应严格执行检查计划，对于检查中所发现的问题进行分析，制定纠正及预防措施，并予以实施；对工程中的责任事故应按奖惩方案予以奖惩；施工现场的安全和环境保护工作应按照企业的相关保护条例和施工组织设计的相关要求进行；当施工现场发生紧急事件时，应按照企业的事故应急预案进行处理。

2）现场居住环境管理

项目经理部应根据施工组织设计的要求，对施工驻地的材料放置和伙房卫生进行重点管理，落实驻点管理负责人和工地伙房管理办法、员工宿舍管理办法、驻点防火防盗措施、驻点环境卫生管理办法，教育员工清楚发生火灾时的逃生通道，在外进餐时应注意饮食卫生，以保证施工材料和施工人员的安全。

（1）现场周围环境管理。要求项目经理部实施施工组织设计中的相关计划，在考虑施工现场周围环境的地形特点、施工的季节、现场的交通流量、施工现场附近的居民密度、施工现场的高压线和其他管线情况、与公路及铁路的交越情况、与河流的交越情况等前提下进行施工作业，对重要环境因素应重点对待。

（2）现场物资管理。由于线路工程点多线长，物资管理人员应按照施工组织设计中的分屯计划组织接收工程物资。对于线路和其他专业的通信工程，物资管理人员还应按照施工组织设计的要求进行进货检验，并填写相应的检验记录。

2. 技术管理

1）图纸审核

在工程开工前，使参与施工的工程管理及技术人员充分地了解和掌握设计图纸的设计意图、工程特点和技术要求；通过审核，发现施工图设计中存在的问题和错误，并在施工图设计会审会议上提出，为施工项目实施提供一份准确、齐全的施工图纸。审查施工图设计的程序通常分为自审、会审两个阶段。

（1）施工图设计的自审。施工单位收到施工项目的有关技术文件后，应尽快地组织有关的工程技术人员对施工图设计进行熟悉，写出自审的记录。自审施工图设计的记录应包括对设计图纸的疑问和对设计图纸的有关建议等。

（2）施工图设计的会审。一般由业主主持，由设计单位、施工单位和监理单位参加，四方共同进行施工图设计的会审。由设计单位的工程主设计人向与会者说明拟建工程的设计依据、意图和功能要求，并对特殊结构、新材料、新工艺和新技术提出设计要求。施工单位根据自审记录以及对设计意图的了解，提出对施工图设计的疑问和建议；在统一认识的基础上，对所探讨的问题逐一地做好记录，形成"施工图设计会审纪要"，由业主正式行文，作为与设计文件同时使用的技术文件和指导施工的依据，以及业主与施工单位进行工程结算的依据。

2）技术交底

为确保所承担的工程项目满足合同规定的质量要求，保证项目的顺利实施，应使所有参与施工的人员熟悉并了解项目的概况、设计要求、技术要求、工艺要求。技术交底是确保工程项目质量的关键环节，是质量要求、技术标准得以全面认真执行的保证。

（1）技术交底的依据。技术交底应在合同交底的基础上进行，主要依据有施工合同、施工图设计、工程摸底报告、设计会审纪要、施工规范、各项技术指标、管理体系要求、作业指导书、业主或监理工程师的其他书面要求等。

（2）技术交底的内容。工程概况、施工方案、质量策划、安全措施、"三新"技术（新技术、新工艺、新材料）、关键工序、特殊工序（如果有的话）和质量控制点、施工工艺（遇有特殊工艺要求时要统一标准）、法律、法规、对成品和半成品的保护、制定的保护措施、质量通病预防及注意事项。

（3）技术交底的要求。施工前项目负责人对分项、分部负责人进行技术交底，施工中对业主或监理提出的有关施工方案、技术措施及设计变更的要求在执行前进行技术交底，技术交底要做到逐级交底，随接受交底人员岗位的不同，交底的内容有所不同。

3. 施工现场人员管理

施工现场人员管理包括以下内容。

（1）制定施工人员档案。

（2）佩带有效工作证件。

（3）所有进入场地的员工均给予一份安全守则。

（4）加强离职或被解雇人员的管理。

（5）项目经理要制定施工人员分配表。

（6）项目经理每天向施工人员发出工作责任表。

（7）制定定期会议制度。

（8）每天均巡查施工场地。

（9）按工程进度制定施工人员每天的上班时间。

对现场施工人员的行为进行管理，要求项目经理部组织制定施工人员行为规范和奖惩制度，教育员工遵守当地的法律法规、风俗习惯、施工现场的规章制度，保证施工现场的秩序。同时项目经理部应明确由施工现场负责人对此进行检查监督，对于违规者应及时予以处罚。

4. 材料管理

材料的管理包括以下内容。

（1）做好材料采购前的基础工作。

（2）各分项工程都要控制住材料的使用。

（3）在材料领取、入库出库、投料、用料、补料、退料和废料回收等环节上尤其引起重视，严格管理。

（4）对于材料操作消耗特别大的工序，由项目经理直接负责。

（5）对部分材料实行包干使用，节约有奖、超耗则罚的制度。

（6）及时发现和解决材料使用不节约、出入库不计量、生产中超额用料和废品率高等问题。

（7）实行特殊材料以旧换新，领取新料由材料使用人或负责人提交领料原因。

5. 安全管理

1）安全控制措施

施工阶段安全控制要点主要包括：施工现场防火，施工现场用电安全，低温雨季施工防潮，机具仪表的保管、使用，机房内施工时通信设备、网络等电信设施的安全，施工过程中水、电、煤气、通信电（光）缆管线等市政或电信设施的安全，施工过程中的文物保护，井下作业时的防毒、防坠落、防原有线缆损坏，公路上作业的安全防护，高处作业时人员和仪表的安全等。各安全控制点的控制措施内容如下。

（1）施工现场防火措施。

施工现场实行逐级防火责任制，施工单位应明确一名施工现场负责人为防火负责人，全面负责施工现场的消防安全管理工作，根据工程规模配备消防员和义务消防员。

熟悉施工现场的消防器材，机房施工现场严禁吸烟。电气设备、电动工具不准超负荷运行，线路接头要结实、接牢，防止设备线路过热或打火短路。现场材料的堆放不宜过多，垛之间保持一定的防火间距。

（2）施工现场安全用电措施。临时用电和带电作业的安全控制措施应在《施工组织设计》中予以明确。

（3）低温雨季施工控制措施。低温季节施工时，施工人员应尽量避免高空作业，必须进行高空作业时，应穿戴防冻、防滑的保温服装和鞋帽；吊装机具在低温下工作时，应考虑其安全系数；光缆的接续机具和测试仪表工作时应采取保温措施，满足其对温度的要求；车辆应加装防冻液、防滑链，注意防冻、防滑。

（4）在用通信设备、网络安全的防护措施。机房内施工电源割接时，应注意所使用工具的绝缘防护，检查新装设备，在确保新设备电源系统无短路、接地等故障时，方可进行电源割接工作，以防止发生设备损坏、人员伤亡事故。

（5）防毒、防坠落、防原有线缆损坏的措施，地下设施的保护，地下作业时的安全措施。

（6）公路上作业的安全防护措施。严格按照批准的施工方案进行施工，服从交警人员的管理和指挥，主动接受询问、交验证件，协助搞好交通安全工作。保护一切公路设施，协调处理好施工与交通安全的关系。

（7）高空、高处作业时的安全措施。高空、高处作业是一项危险性较大的作业项目，容易造成人员、物体坠落。控制措施内容分别如下：高空作业人员必须经过专门的安全培训，取得资格证书后方可上岗作业。安全员必须严格按照操作规程进行现场检查。作业人员应接受书面的危险岗位操作规程，并明白违章操作的危害。

2）安全管理原则

（1）建立安全生产岗位责任制。

（2）质安员须每半月在工地现场举行一次安全会议。

（3）进入施工现场必须严格遵守安全生产纪律，严格执行安全生产规程。

（4）项目施工方案要分别编制安全技术措施。

（5）严格安全用电制度。

（6）电动工具必须要有保护装置和良好的接地保护地线。

（7）注意安全防火。

（8）登高作业时，一定要系好安全带，并有人进行监护。

（9）建立安全事故报告制度。

6. 质量控制管理

质量控制主要表现为施工组织和施工现场的质量控制，质量控制的内容包括工艺质量控制和产品质量控制。影响质量控制的因素主要有人、材料、机械、方法和环境五大方面。因此，对这五方面因素严格控制，是保证工程质量的关键。

具体措施如下。

（1）现场成立以项目经理为首，由各分组负责人参加的质量管理领导小组。

（2）承包方在工程中应投入受过专业训练及经验丰富的人员来施工及督导。

（3）施工时应严格按照施工图纸、操作规程及现阶段规范要求进行施工。

（4）认真做好施工记录。

（5）加强材料的质量控制是提高工程质量的重要保证。

（6）认真做好技术资料和文档工作，对于各类设计图纸资料仔细保存，对各道工序的工作认真做好记录和文字资料，完工后整理出整个系统的文档资料，为今后的应用和维护工作打下良好的基础。

7. 成本控制管理

1）施工前计划

（1）做好项目成本计划。

（2）组织签订合理的工程合同与材料合同。

（3）制订合理可行的施工方案。

2）施工过程中的控制

（1）降低材料成本。

① 实行三级收料及限额领料。

② 组织材料合理进出场。

（2）节约现场管理费。

3）成本控制的基本原则

（1）加强现场管理，合理安排材料进场和堆放，减少二次搬运和损耗。

（2）加强材料的管理工作，做到不错发、领错材料，不丢窃遗失材料，施工班组要合理使用材料，做到材料精用。

（3）材料管理人员要及时组织使用材料的发放、施工现场材料的收集工作。

（4）加强技术交流，推广先进的施工方法，积极采用先进科学的施工方案，提高施工技术。

（5）积极鼓励员工"合理化建议"活动的开展，提高施工班组人员的技术素质，尽可能地节约材料和人工，降低工程成本。

（6）加强质量控制，加强技术指导和管理，做好现场施工工艺的衔接，杜绝返工，做到一次施工，一次验收合格。

（7）合理组织工序穿插，缩短工期，减少人工、机械及有关费用的支出。

（8）科学合理安排施工程序，搞好劳动力、机具、材料的综合平衡，实现高效管理。平时施工现场由1～2人巡视了解土建进度和现场情况，做到有计划性和预见性。预埋条件具备时，应采取见缝插针，集中人力预埋的办法，节省人力和物力。

4）工程实施完成的总结分析

（1）根据项目部制定的考核制度，体现奖优罚劣的原则。

（2）竣工验收阶段要着重做好工程的扫尾工作。

8. 施工进度控制

施工进度控制的关键就是编制施工进度计划，合理安排好前后作业的工序。综合布线工程具体的作业安排如下。

（1）对于与土建工程同时进行的布线工程，首先检查垂井、水平线槽、信息插座底盒是否已安装到位，布线路由是否全线贯通，设备间、配线间是否符合要求，对于需要安装布线槽道的布线工程来说，首先需要安装垂井、水平线槽和插座底盒等。

（2）敷设主干布线主要是敷设光缆或大对数电缆。

（3）敷设水平布线主要是敷设双绞线。

（4）线缆敷设的同时，开始为各设备间设立跳线架，安装跳线、面板、光纤盒。

（5）当水平布线工程完成后，开始为各设备间的光纤及 UTP/STP 安装跳线板，为端口及各设备间的跳线设备做端接。

（6）安装好所有的跳线板及用户端口，做全面性的测试，包括光纤及 UTP/STP，并提供报告交给用户。

9. 各类报表作用和报表要求

（1）施工进度日志。施工进度日志由现场工程师每日随工程进度填写施工中需要记录的事项。

（2）施工责任人员签到表。每日进场施工的人员必须签到，签到按先后顺序，每人须亲笔签名，签到的目的是明确施工的责任人。签到表由现场项目工程师负责落实，并保留存档。

（3）施工事故报告单。施工中无论出现何种事故，应由项目负责人将初步情况填报"事故报告"。

（4）工程开工报告。工程开工前，由项目工程师负责填写开工报告，待有关部门正式批准后方可开工，正式开工后该报告由施工管理员负责保存。

（5）施工报停表。在工程施工过程中可能会受到其他施工单位的影响，或者由于用户单位提供的施工场地和条件及其他原因造成施工无法进行。为了明确工期延误的责任，应该及时填写施工报停表，在有关部门批复后将该表存档。

（6）工程领料单。项目工程师根据现场施工进度情况安排材料发放工作，具体的领料情况必须有单据存档。

（7）工程设计变更单。工程设计经过用户认可后，施工单位无权单方面改变设计。工程施工过程中如确实需要对原设计进行修改，必须由施工单位和用户主管部门协商解决，对局部改动必须填报《工程设计变更单》，经审批后方可施工。

（8）工程协调会议纪要。工程协调会议纪要记录工程协调会议内容，需存档。

（9）隐蔽工程阶段性合格验收报告。隐蔽工程阶段性验收是指隐蔽在装饰表面内部的管线工程和结构工程的阶段性验收。

（10）工程验收申请。施工单位按照施工合同完成了施工任务后，会向用户单位申请工程验收，待用户主管部门答复后组织安排验收。

10.5.3 任务实施

（1）现场管理制度与要求。

（2）技术管理、施工现场人员管理、材料管理、安全管理。

（3）质量控制管理、成本控制管理。

（4）施工进度控制，如表 10-4 所示。

表 10-4　综合布线系统工程施工组织进度表

项　目	20××年××月															
	1	3	5	7	9	11	13	15	17	19	21	23	25	27	29	30
一、合同签订	—															
二、图纸会审	—	—														
三、设备订购与检验		—	—													
四、主干线槽管架设及光缆敷设				—	—	—	—	—								
五、水平线槽管架设及光缆敷设				—	—	—	—	—	—							
六、信息插座的安装					—	—	—									
七、机柜安装									—	—						
八、光缆端接及配线架安装																
九、内部测试及调整											—	—	—			
十、组织验收													—	—	—	

（5）完成工程各类报表制作。

1）施工进度日志

施工进度日志如表 10-5 所示。

表 10-5　施工进度日志

组别：		人数：		负责人：		日期：
工程进度计划：						
工程实际进度：						
工程情况记录：						
时间	方位、编号	处理情况		尚待处理情况		备注

2）施工责任人员签到表

施工责任人员签到表如表 10-6 所示。

表 10-6　施工责任人员签到表

日　期	姓　名 1	姓　名 2	姓　名 3	姓　名 4	姓　名 5	姓　名 6

3）施工事故报告单

施工事故报告单如表 10-7 所示。

表 10-7　施工事故报告单

填报单位：		项目工程师：	
工程名称：		设计单位：	
地点：		施工单位：	
事故发生时间：		报出时间：	
事故情况及主要原因：			

4）工程开工报告

工程开工报告如表 10-8 所示。

表 10-8　工程开工报告

工程名称		工程地点	
用户单位		施工单位	
计划开工	年　　月　　日	计划竣工	年　　月　　日
工程主要内容：			
工程主要情况：			
主抄： 抄送： 报告日期：	施工单位意见： 签名： 日期：	建设单位意见： 签名： 日期：	

5）施工报停表

施工报停表如表 10-9 所示。

表 10-9　施工报停表

工程名称		工程地点	
建设单位		施工单位	
停工日期	年　　月　　日	计划复工日期	年　　月　　日
工程停工主要原因：			
计划采取的措施和建议：			
停工造成的损失和影响：			
主抄： 抄送： 报告日期：	施工单位意见： 签名： 日期：	建设单位意见： 签名： 日期：	

6）工程领料单

工程领料单如表 10-10 所示。

表 10-10　工程领料单

工程名称			领料单位			
批料人			领料日期	年	月	日
序号	材料名称	材料编号	单位	数量	备注	

7）工程设计变更单

工程设计变更单如表 10-11 所示。

表 10-11　工程设计变更单

工程名称		原图名称			
设计单位		原图编号			
原设计规定的内容：		变更后的工作内容：			
变更原因说明：		批准单位及文号：			
原工程量		现工程量			
原材料数		现材料数			
补充图纸编号		日　期	年	月	日

8）工程协调会议纪要

工程协调会议纪要如表 10-12 所示。

表 10-12　工程协调会议纪要

日期：			
工程名称		建设地点	
主持单位		施工单位	
参加协调单位：			
工程主要协调内容：			
工程协调会议决定：			
仍需协调的遗留问题：			
参加会议代表签字：			

9）隐蔽工程阶段性合格验收报告

隐蔽工程阶段性合格验收报告如表 10-13 所示。

表 10-13　隐蔽工程阶段性合格验收报告

工程名称				工程地点			
建设单位				施工单位			
计划开工	年	月	日	实际开工	年	月	日
计划竣工	年	月	日	实际竣工	年	月	日
隐蔽工程完成情况：							
提前和推迟竣工的原因：							

工程中出现和遗留的问题:		
主抄:	施工单位意见:	建设单位意见:
抄送:	签名:	签名:
报告日期:	日期:	日期:

10）工程验收申请

工程验收申请如表 10-14 所示。

表 10-14　工程验收申请

工程名称		工程地点	
建设单位		施工单位	
计划开工	年　月　日	实际开工	年　月　日
计划竣工	年　月　日	实际竣工	年　月　日
工程完成主要内容:			
提前和推迟竣工的原因:			
工程中出现和遗留的问题:			
主抄:	施工单位意见:		建设单位意见:
抄送:	签名:		签名:
报告日期:	日期:		日期:

附录 标书样例

公开招标文件

项目编号：×××××××××

项目名称：×××××××××××××××××××

×××××××××××××××××××××××

××××年××月

目　录

第一部分　采购公告

　　根据《中华人民共和国政府采购法》《政府采购货物和服务招标投标管理办法》等有关法律规定，宁波市江北区公共资源交易中心受宁波市江北区教育局装备站委托，就××××××项目进行公开招标，欢迎符合资格条件的供应商参加投标。

　　一、招标项目内容：××××××××××，具体详见招标文件。

　　二、项目编号：××××××××××

　　三、投标人资格要求：

　　（一）符合《中华人民共和国政府采购法》第二十二条规定的投标人资格条件；

　　（二）注册资金人民币×××万元以上（含×××万元）的独立法人；

　　（三）非本地企业在××市内具有长驻售后服务机构；

　　（四）不接受联合体投标。

　　四、标书发售日期：自公告刊登日起至××××年××月××日止（节假日及法定假日除外）。

　　五、标书售价、地点及方式：××××××××××

　　六、投标截止时间：××××年××月××日××时××分

　　七、投标地点：××××××××××

　　八、开标时间：××××年××月××日××时××分

　　九、开标地点：××××××××××

　　十、其他事项：

采购机构：××××××××××

联系人：×先生、×先生

联系电话：××××××××××　　传真：××××××××××

联系地址：××××××××××

采购单位：××××××××××

第二部分　采购需求

一、项目建设概述

1. 背景介绍

××××××××

2. 建设目标

××××××××

3. 本期建设内容需求分析

××××××××××

二、项目产品清单

序　号	设 备 名 称	性 能 描 述	数　量	备　注
		×××××××× （项目名称）		

三、技术规格要求

××××××××××

四、其他要求

××××××××××

第三部分　投标人须知

序　号	内容、要求
1	项目名称：××××××××××
2	采购编号：××××××××××
3	采购单位：××××××××××
4	投标保证金：××××××××××
	办理投标保证金收据地点：××××××××××
	办理投标保证金收据时间：××××××××××
	财务联系方式：××××××××××
	开户单位名称：××××××××××
	开户行：××××××××××
	账号：××××××××××
5	答疑和澄清：××××××××××
6	投标截止时间及地点：××××××××××
7	开标时间及地点：××××××××××
8	评标结果公示：××××××××××
9	投标文件正本 1 份、副本 5 份
10	付款方法：××××××××××
11	投标文件有效期：××××年××月××日××时××分
12	解释：本招标文件的解释权属于招标采购单位

一、说明

1. 采购代理机构：××××××××××
2. 采购人：××××××××××

二、采购方式

本次采购采用公开招标方式进行。

三、投标委托

投标人代表须携带有效身份证件。如投标人代表不是法定代表人，须有法定代表人出具的授权委托书。

四、投标费用

不论投标结果如何，投标人均应自行承担所有与投标有关的全部费用。

五、联合体投标

本项目不接受联合体投标。

六、转包与分包

本项目不允许转包。

七、招标文件

（一）招标文件的构成

本招标文件由以下部分组成。

1. 采购公告。
2. 采购需求。
3. 投标人须知。
4. 评标办法及标准。
5. 合同主要条款。
6. 投标文件格式。
7. 本项目招标文件的澄清、答复、修改、补充的内容。

（二）投标人的风险

投标人没有按照招标文件要求提供全部资料，或者投标人没有对招标文件在各方面做出实质性响应，是投标人的风险，并可能导致其投标无效或被拒绝。

（三）招标文件的澄清与修改

1. 投标人应认真阅读本招标文件，发现其中有误或有不合理要求的，投标人必须在递交投标文件截止时间 7 日前，以书面形式要求采购代理机构或采购人澄清。采购代理机构或采购人对已发出的招标文件进行必要澄清、答复、修改或补充的，应当在招标文件要求提交投标文件截止时间前 3 个工作日（实质性内容有大的修改，需 15 日），在采购信息发布媒体上发布更正公告，并以书面形式通知所有已报名的投标人。

2. 采购代理机构必须以书面形式答复投标人要求澄清的问题，并将不包含问题来源的答复书面通知所有已报名的投标人。

3. 招标文件澄清、答复、修改、补充的内容为招标文件的组成部分。当招标文件与招标文件的答复、澄清、修改、补充通知就同一内容的表述不一致时，以最后发出的书面文件为准。

4. 招标文件的澄清、答复、修改或补充都应该通过本代理机构以法定形式发布，采购人非通过本机构，不得擅自澄清、答复、修改或补充招标文件。

八、投标文件的编制

（一）投标文件的组成

1. 投标函。
2. 法定代表人授权书。
3. 开标一览表。
4. 投标报价明细表。
5. 技术参数对照表。
6. 技术方案。
7. 质量保证及售后服务承诺。
8. 投标人认为需提供的其他文件。
9. 资格证明文件。

（1）投标人的营业执照、税务登记证复印件（加盖公章）。

（2）××市内长驻售后服务机构证明文件（非本地企业必须提供，若投标企业委托本地企业售后服务，须提供委托协议以及售后服务机构的营业执照复印件）。

（3）企业法定代表人身份证复印件及授权代表身份证复印件。

（4）投标保证金收执证明复印件。

（5）投标人认为有必要提供的声明和文件。

★上述（1）、（2）项为必备的资格文件，否则为无效标，其他项为补充性文件。

（二）投标文件的语言及计量

★1. 投标文件以及投标方与招标方就有关投标事宜的所有来往函电，均应以中文汉语书写。除签名、盖章、专用名称等特殊情形外，以中文汉语以外的文字表述的投标文件视同未提供。

★2. 投标计量单位，招标文件已有明确规定的，使用招标文件规定的计量单位；招标文件没有规定的，应采用中华人民共和国法定计量单位（货币单位：人民币元），否则视同未响应。

（三）投标报价

1. 投标报价应按招标文件中相关附表格式填写。

★2. 投标报价是履行合同的最终价格，应包括货款、标准附件、备品备件、专用工具、包装、运输、装卸、保险、税金、货到就位以及安装、调试、培训、保修等一切税金和费用。

★3. 投标文件只允许有一个报价，有选择的或有条件的报价将不予接受。

（四）投标文件的有效期

★1. 自投标截止日起××天投标文件应保持有效。有效期不足的投标文件将被拒绝。

2．在特殊情况下，招标人可与投标人协商延长投标书的有效期，这种要求和答复均以书面形式进行。

3．投标人可拒绝接受延期要求而不会导致投标保证金被没收。同意延长有效期的投标人需要相应延长投标保证金的有效期，但不能修改投标文件。

4．中标人的投标文件自开标之日起至合同履行完毕止均应保持有效。

（五）投标保证金

★1．投标人须按规定提交投标保证金。否则，其投标将被拒绝。

2．若一次投多个标项，只需缴纳一个标项的投标保证金（按所需保证金最大额的标准缴纳为准）。

3．保证金缴纳形式：投标人的保证金缴纳必须从投标企业工商注册所在地的基本账户中划转，不得缴纳现金。从他人账户、投标人企业的其他账户缴纳的投标保证金无效。如用电汇或汇票的，请在用途栏内注明"采购编号和项目名称"字样。

4．未中标人的投标保证金在中标通知书发出后×个工作日内退还。

5．中标人的投标保证金在合同签订后×个工作日内凭与采购人签订的合同原件退还。

6．保证金不计息。

7．为使投标商的投标保证金能在开标前及时到账，不影响投标活动，请按招标公告的规定时间缴纳，因特殊原因无法按时缴纳的，不得迟于投标截止时间缴纳。投标单位在投标保证金缴纳后，应及时到中心财务开具投标保证金收款收据，到投标截止时间时，投标保证金尚未到达指定账户的，其投标无效。

8．投标人有下列情形之一的，投标保证金将不予退还。

（1）投标人在投标有效期内撤回投标文件的。

（2）投标人在投标过程中弄虚作假、提供虚假材料的。

（3）中标人无正当理由不与采购人签订合同的。

（4）其他严重扰乱招投标程序的。

（六）投标文件的签署和份数

1．投标人应按本招标文件规定的格式和顺序编制、装订投标文件并标注页码，投标文件内容不完整、编排混乱导致投标文件被误读、漏读或者查找不到相关内容的，是投标人的责任。

2．投标人应将投标文件正本1份、副本5份分别装订成册，封面应注明"正本""副本"字样。

3．投标文件的正本需打印或用不褪色的墨水填写，投标文件正本除本《投标人须知》中规定的可提供复印件外均须提供原件。副本可为正本的复印件。

4．投标文件须由投标人在规定位置盖章，并由法定代表人或法定代表人的授权委托人签署，投标人应写全称。

5．投标文件不得涂改，若有修改错漏处，须加盖单位公章或者法定代表人或授权委托人签字或盖章。投标文件因字迹潦草或表达不清所引起的后果由投标人负责。

（七）投标文件的包装、递交、修改和撤回

1. 投标人应将投标文件密封包装，包装封面上应注明"标明投标项目名称、招标编号及所投标项、投标单位名称"字样，并在包装封口处加盖投标人公章。投标人若对本次招标的多个标项同时进行投标，须按标项分别制作投标文件和进行包封。

2. 投标人应在规定的投标截止时间前递交投标文件，采购代理机构于开标现场在投标截止时间前半小时内接受投标文件。

3. 未按规定密封或标记的投标文件将被拒绝，由此造成投标文件被误投或提前拆封的风险由投标人承担。

4. 投标人在投标截止时间之前，可以对已提交的投标文件进行修改或撤回，并书面通知采购代理机构；投标截止时间后，投标人不得撤回、修改投标文件。修改后重新递交的投标文件应当按本招标文件的要求签署、盖章和密封。

（八）投标无效的情形

实质上没有响应招标文件要求的投标将被视为无效投标。投标人不得通过修正或撤销不合要求的偏离或保留，从而使其投标成为实质上响应的投标，但经评标委员会认定属于投标人疏忽、笔误所造成的差错，应当允许其在评标结束之前进行修改或者补正（可以是复印件、传真件等，原件必须加盖单位公章）。修改或者补正投标文件必须以书面形式进行，并应在中标结果公告之前查核原件。限期内不补正或经补正后仍不符合招标文件要求的，应认定其投标无效。投标人修改、补正投标文件后，不影响评标委员会对其投标文件所做的评价和评分结果。

1. 投标文件出现下列情形之一的，被认为初审不合格，为无效投标文件，不得进入评标。

（1）投标人未按照招标文件的要求缴纳投标保证金的。

（2）投标文件应盖公章而未盖公章或盖非公司公章、未装订、未密封、未有效授权、未提供开标一览表的，注册资金不符，投标函、法定代表人授权书等填写不完整或有涂改的。

（3）不具备招标文件中规定资格要求的。

（4）不符合法律、法规和招标文件中规定的其他实质性要求的。

2. 投标文件有下述情形之一的，属于重大偏差，视为未能对招标文件做出实质性的响应，作无效标处理。

（1）投标有效期、交货时间、质保期等条款不能满足招标文件要求的。

（2）带"★"的款项不能满足招标文件要求的。

（3）投标文件附有招标人不能接受的条件的。

（4）经评标委员会评审技术方案不可行的。

（5）评委会一致认为报价明显不合理的。

（九）开标

1. 采购代理机构将在规定的时间和地点进行开标，投标人的法定代表人或其授权代表应参加开标会并签到。投标人的法定代表人或其授权代表未按时签到的，视同放弃开标监督权利、认可开标结果。

2．开标时，由投标人代表或公证机构检查各投标文件的密封情况，确认无误后，工作人员当众拆封唱标。唱标内容为投标文件正本中《开标一览表》内容并作记录。

3．确认无异议后，开标会结束。

（十）评标

1．评标委员会由专家和采购人代表组成。评标委员会以公平、公正、客观的评标原则，不带任何倾向性和启发性；不得向外界透露任何与评标有关的内容；任何单位和个人不得干扰、影响评标的正常进行；评标委员会及有关工作人员不得私下与投标人接触。投标人在评标过程中所进行的试图影响评标结果的不公正活动，可能导致其投标被拒绝。

2．实质审查与比较。

（1）评标委员会审查投标文件的实质性内容是否符合招标文件的实质性要求。

（2）评标委员会将根据投标人的投标文件进行审查、核对，如有疑问，将对投标人进行询标，投标人要向评标委员会澄清有关问题，并最终以书面形式进行答复。投标人代表未到场或者拒绝澄清或者澄清的内容改变了投标文件的实质性内容的，评标委员会有权对该投标文件做出不利于投标人的评判。

（3）各投标方的技术得分为所有评委有效评分去掉最高分和最低分后的算术平均数，由指定专人进行计算复核。

（4）代理机构工作人员协助评标委员会根据本项目的评分标准计算各投标人的商务报价得分。

（5）评标委员会完成评标后,评委对各部分得分汇总,计算出本项目最终得分。评标委员会按评标原则确定中标候选人，同时起草评标报告。

3．澄清问题的形式。对投标文件中含义不明确、同类问题表述不一致或者有明显文字和计算错误的内容，评标委员会可要求投标人做出必要的澄清、说明或者纠正。投标人的澄清、说明或者补正应当采用书面形式，由其授权代表签字或盖章确认，并不得超出投标文件的范围或者改变投标文件的实质性内容。

4．错误修正。投标文件如果出现计算或表达上的错误，修正错误的原则如下。

（1）开标一览表总价与投标报价明细表汇总数不一致的，以开标一览表为准。

（2）投标文件的大写金额和小写金额不一致的，以大写金额为准。

（3）总价金额与按单价汇总金额不一致的，以单价金额计算结果为准。

（4）对不同文字文本投标文件的解释发生异议的，以中文文本为准。

按上述修正错误的原则及方法调整或修正投标文件的投标报价，投标人同意并签字确认后，调整后的投标报价对投标人具有约束作用。如果投标人不接受修正后的报价，则其投标将作为无效投标处理。

（十一）定标

本项目根据采购人的授权，由评标委员会按照各投标人的最后得分从高到低直接确定中标人。如遇综合得分相同则取报价低的，报价也相同则取技术得分高的，再者以异常情况由评标委员会集体讨论决定。

（十二）合同授予

1．评标结束后，采购代理机构将于 7 个工作日内在××××××××××发布中标公告，公告期满，如无投标人质疑，招标方向中标人签发《中标通知书》。

2．采购人与中标人应当按《中标通知书》中规定的时间内签订政府采购合同。招投标文件和投标时的承诺是政府采购合同的组成部分，同时，采购代理机构对合同内容进行鉴证，如发现与采购结果和投标承诺内容不一致的，应予以纠正。

3．中标人拖延、拒签合同的，将被扣罚投标保证金并取消中标资格。

4．投标单位在与采购人签订合同后向采购人支付 10%履约保证金，同时凭合同原件无息退还投标保证金，中标单位应在所承诺的期限内履行合同，因中标单位的原因造成逾期的，应承担损失，具体违约处罚由合同双方约定。

第四部分 评标办法及评分标准

一、评标原则和办法

1．公平、公正地对待所有投标人。

2．本项目的评标方法为综合评分法。

（1）评标委员会按照公正、科学、严谨的原则，从价格、技术、商务等各方面按评分方法进行综合打分。

（2）对评标委员会的综合打分，采用记名方式，取所有评委有效评分去掉最高分和最低分后的算术平均数作为最终评定分。

（3）所有分值保留小数点后两位，小数点后三位按四舍五入处理。

（4）评标过程中如发现有异常情况，由评委集体讨论决定。

二、综合评分法的评分标准和细则

序　号	评标项目	分　值	评标要点及说明
1	投标报价	40	满足招标要求的有效投标且投标价格最低的投标报价为评标基准价35分，其他投标人的价格分统一按照下列公式计算：投标报价得分=(评标基准价／投标报价)×40%×100，保留小数点两位。 报价中如有功能及配置缺项的，其投标价加上其他投标商投标中最好的性能或功能配置的相应价格，再计算其投标报价分
2	技术方案	45	（1）系统设计方案全面合理、条理清晰、描述详尽、针对性强，根据方案的成熟度、应用性、可靠稳定性、扩展性、安全性等进行评分，共15分。 （2）产品技术性能20分：根据对系统产品的满足情况及技术性能进行评比，符合招标要求的得12分，其他按技术性能优劣情况打分，共20分。 （3）根据投标品牌的市场认可度、市场占有率及相关型号的质量因素评审，最高得5分。 （4）项目实施方案合理、详细和可操作性强，包括实施工作计划、项目实施小组、项目管理制度及措施、测试和验收方案等，共5分
3	质量保证、售后服务、培训	9	（1）质保期及质量保证3分。 （2）售后服务计划、故障响应及修复时间、服务方式、人员安排以及质保期满后的维保费用及承诺，共4分。 （3）备用备件情况1分。 （4）技术培训1分：包括培训课程、培训人数、培训地点、培训时间和计划、培训方案的完整性

续表

4	业绩	3	投标品牌具有××××年××月××日以来同类项目业绩，以合同或验收报告为准，每个得1分，最高3分（合同复印件或验收报告做到投标文件里面，开标时随带原件，两者缺一不得分）
5	合理化建议和承诺	2	技术建议的合理性和可行性1分；其他特殊承诺1分
6	标书制作情况	1	根据标书制作情况酌情打分，最高1分

注：投标人应在投标文件中提供与以上评分因素相关的证明文件复印件（加盖公章），若有弄虚作假者，后果自负。

第五部分 合同主要条款

政府采购合同指引（货物）

项目名称：　　　　　　　　　　　　项目编号：

甲方：（买方）

乙方：（卖方）

甲、乙双方根据××××××××××关于　　　　　　　　项目公开招标的结果，签署本合同。

一、货物内容

1. 货物名称：

2. 型号规格：

3. 技术参数：

4. 数量（单位）：

二、合同金额

本合同金额为（大写）：_____元（￥_____元）人民币。

三、技术资料

1. 乙方应按招标文件规定的时间向甲方提供使用货物的有关技术资料。

2. 没有甲方事先书面同意，乙方不得将由甲方提供的有关合同或任何合同条文、规格、计划、图纸、样品或资料提供给予履行本合同无关的任何其他人。即使向履行本合同有关的人员提供，也应注意保密并限于履行合同的必需范围。

四、知识产权

乙方应保证所提供的货物或其任何一部分均不会侵犯任何第三方的知识产权。

五、产权担保

乙方保证所交付的货物的所有权完全属于乙方且无任何抵押、查封等产权瑕疵。

六、履约保证金

乙方缴纳人民币　　　　元作为本合同的履约保证金。

七、转包或分包

1. 本合同范围的货物，应由乙方直接供应，不得转让他人供应。

2. 除非得到甲方的书面同意，乙方不得将本合同范围的货物全部或部分分包给他人供应。

3.如有转让和未经甲方同意的分包行为,甲方有权解除合同,没收履约保证金并追究乙方的违约责任。

八、质保期和质保金

1.质保期　　　　年。（自交货验收合格之日起计）

2.质保金　　　　元。（履约保证金在中标投标人按合同约定交货验收合格后自行转为质保金）

九、交货期、交货方式及交货地点

1.交货期:

2.交货方式:

3.交货地点:

十、货款支付

1.付款方式:

2.当采购数量与实际使用数量不一致时,乙方应根据实际使用量供货,合同的最终结算金额按实际使用量乘以成交单价进行计算。

十一、税费

本合同执行中相关的一切税费均由乙方负担。

十二、质量保证及售后服务

1.乙方应按招标文件规定的货物性能、技术要求、质量标准向甲方提供未经使用的全新产品。

2.乙方提供的货物在质保期内因货物本身的质量问题发生故障,乙方应负责免费更换。对达不到技术要求者,根据实际情况,经双方协商,可按以下办法处理。

（1）更换:由乙方承担所发生的全部费用。

（2）贬值处理:由甲、乙双方合议定价。

（3）退货处理:乙方应退还甲方支付的合同款,同时应承担该货物的直接费用（运输、保险、检验、货款利息及银行手续费等）。

3.如在使用过程中发生质量问题,乙方在接到甲方通知后在　　　小时内到达甲方现场。

4.在质保期内,乙方应对货物出现的质量及安全问题负责处理解决并承担一切费用。

5.上述的货物免费保修期为　　　年,因人为因素出现的故障不在免费保修范围内。超过保修期的机器设备,终身维修,维修时只收部件成本费。

十三、调试和验收

1.甲方对乙方提交的货物依据招标文件上的技术规格要求和国家有关质量标准进行现场初步验收,外观、说明书符合招标文件技术要求的,给予签收,初步验收不合格的不予签收。货到后,甲方需在5个工作日内验收。

2．乙方交货前应对产品做出全面检查和对验收文件进行整理，并列出清单，作为甲方收货验收和使用的技术条件依据，检验的结果应随货物交给甲方。

3．甲方对乙方提供的货物在使用前进行调试时，乙方需负责安装并培训甲方的使用操作人员，并协助甲方一起调试，直到符合技术要求，甲方才做最终验收。

4．对技术复杂的货物，甲方应请国家认可的专业检测机构参与初步验收及最终验收，并由其出具质量检测报告。

5．验收时乙方必须在现场，验收完毕后做出验收结果报告；验收费用由乙方负责。

十四、货物包装、发运及运输

1．乙方应在货物发运前对其进行满足运输距离、防潮、防震、防锈和防破损装卸等要求包装，以保证货物安全运达甲方指定地点。

2．使用说明书、质量检验证明书、随配附件和工具以及清单一并附于货物内。

3．乙方在货物发运手续办理完毕后 24 小时内或货到甲方 48 小时前通知甲方，以准备接货。

4．货物在交付甲方前发生的风险均由乙方负责。

5．货物在规定的交付期限内由乙方送达甲方指定的地点视为交付，乙方同时需通知甲方货物已送达。

十五、违约责任

1．甲方无正当理由拒收货物的，甲方向乙方偿付拒收货款总值的 5%违约金。

2．甲方无故逾期验收和办理货款支付手续的，甲方应按逾期付款总额每日 5‰向乙方支付违约金。

3．乙方逾期交付货物的，乙方应按逾期交货总额每日 6‰向甲方支付违约金，由甲方从待付货款中扣除。逾期超过约定日期 10 个工作日不能交货的，甲方可解除本合同。乙方因逾期交货或因其他违约行为导致甲方解除合同的，乙方应向甲方支付合同总值 5%的违约金，如造成甲方损失超过违约金的，超出部分由乙方继续承担赔偿责任。

4．乙方所交的货物品种、型号、规格、技术参数、质量不符合合同规定及招标文件规定标准的，甲方有权拒收该货物，乙方愿意更换货物但逾期交货的，按乙方逾期交货处理。乙方拒绝更换货物的，甲方可单方面解除合同。

十六、不可抗力事件处理

1．在合同有效期内，任何一方因不可抗力事件导致不能履行合同，则合同履行期可延长，其延长期与不可抗力影响期相同。

2．不可抗力事件发生后，应立即通知对方，并寄送有关权威机构出具的证明。

3．不可抗力事件延续 120 天以上，双方应通过友好协商，确定是否继续履行合同。

十七、诉讼

双方在执行合同中所发生的一切争议，应通过协商解决。如协商不成，可向甲方所在地法院起诉。

十八、合同生效及其他

1．合同经双方法定代表人或授权代表签字并加盖单位公章后生效。

2．合同执行中涉及采购资金和采购内容修改或补充的，须经财政部门审批，并签书面补充协议报政府采购监督管理部门备案，方可作为主合同不可分割的一部分。

3．本合同未尽事宜，遵照《合同法》有关条文执行。

4．本合同正本一式两份，具有同等法律效力，甲、乙双方各执一份；副本　份（至少一份，由采购代理机构鉴证后留存）（用途）。

甲方：　　　　　　　　　　　　　乙方：

地址：　　　　　　　　　　　　　地址：

法定（授权）代表人：　　　　　　法定（授权）代表人：

签字日期：　　年　月　日　　　　签字日期：　　年　月　日

合同鉴证方：

法定代表人或主要负责人：

鉴证日期：

第六部分　投标文件格式

一、封面

正（副）本

（项目名称）项目

项目编号：

标项：（如标书有多个标项）

投

标

文

件

（投标单位全称）

年　月　日

二、投标文件目录

1. 投标函
2. 法定代表人授权书
3. 开标一览表
4. 投标报价明细表
5. 技术参数对照表
6. 技术方案
7. 质量保证及售后服务承诺
8. 投标人认为需提供的其他文件
9. 资格证明文件

三、投标函

致：宁波市江北区公共资源交易中心

根据贵方为_____项目的投标邀请_____（招标编号），签字代表_____（全名、职务）经正式授权并代表投标方_____（投标方名称、地址）提交下述文件。

（1）开标一览表。

（2）资格证明文件。

（3）服务承诺。

（4）其他相关文件。

（5）以_____（提供形式）提供的投标保证金，金额为_____元。

据此函，签字代表宣布同意如下。

1. 投标方将严格遵守《中华人民共和国政府采购法》及相关法规，履行法律规定的责任和义务。

2. 投标方已详细审查并理解全部招标文件，已完全明确招标文件中"江北区政府采购售后服务、质量管理须知"（第七部分）告知的全部内容。

3. 投标方将按招标文件规定履行合同责任和义务。

4. 本投标自开标日起有效期为 60 天。

5. 开标后撤回投标文件、中标后放弃中标或中标后无正当理由不与采购人签订合同的，则同意不向贵方追回投标保证金。

6. 在招投标过程中，投标方以提前报备或用其他不良手段阻止预中标人获得货源的、在开评标过程中投标方放弃投标的，愿意接受贵中心作为不良行为公示处理。

7. 提交的下列文件和说明都是准确和真实的，如向招标人提供不真实文件，或提供虚假材料谋取中标等有关情形的，愿意按照《中华人民共和国政府采购法》第七十七条规定接受处罚，且不退还投标保证金。

8. 承诺应贵方要求提供任何与该项目投标有关的数据、情况和技术资料。

9. 与本投标有关的一切正式往来通信请寄：

地址：_____ 邮编：_____

电话：_____ 传真：_____

投标方名称：_____（公章）

投标方代表姓名、职务：_____

投标日期：_____年____月____日 全权代表签字：_____

四、法定代表人授权书（格式）

投标编号：

日　　期：

宁波市江北区公共资源交易中心：

_____系中华人民共和国合法企业，地址：_____

_____，特授权_____代表我公司（单位）全权办理针对上述_____

项目的投标、参与开标、谈判、签约等具体工作，并签署全部有关的文件、协议及合同。

我公司（单位）对被授权人的签名负全部责任。

在撤销授权的书面通知送达你处以前，本授权书一直有效，被授权人签署的所有文件（在授权书有效期内签署的）不因授权的撤销而失效。

被授权人情况：

姓名：　　　　　　　　性别：　　　　　　　　年龄：

身份证号码：　　　　　　　　　　　　　　　　职务：

联系电话：

通信地址：

邮　　编：

被授权人签名：

单位名称（公章）：

法定代表人签名：

五、开标一览表

投标人名称：_____（公章）

项目编号及标项：_____

单位：元

投标项目	投标金额/元		交货期
	小写（¥）		
	大写（人民币）		

投标人法定代表人或授权代表人签字：_____职务：_____

日期：_____

备注：此表在不改变表式的情况下，可自行制作。

六、投标报价明细表

投标人名称：_____（公章）

项目编号：_____

序　号	名　称	品　牌	制造商名称	规格型号	数　量	单　价	总　价	备　注
投标价合计		小写（¥）： 大写（人民币）：						

注：投标人应详细列出招标文件规定的所有费用的明细表。

投标人法定代表人或授权代表人签字：_____职务：_____

日期：_____

备注：此表在不改变表式的情况下，可自行制作。

七、技术参数对照表

投标人名称：_____（公章）

项目编号：_____

序　号	招 标 规 格	投 标 规 格	偏　离	说　明

投标人法定代表人或授权代表人签字：_____职务：_____

日期：_____

备注：此表在不改变表式的情况下，可自行制作。

八、投标单位情况表（样本）

单位名称			
注册地址			
经营地址			
注册时间		注册资金	
法人代表姓名		联系手机	
项目投标联系人姓名		联系手机	
项目安装联系人姓名		联系手机	
项目保修联系人姓名		联系手机	
厂方售后服务中心地址		联系电话	
厂方代表姓名		联系手机	
投标单位技术人员（提供技术人员数量，必须有属于本公司员工的证明材料）			

参考资料